兰玉 著

美食
秘方秘技
系列

川味卤菜卤水秘方

四川科学技术出版社·成都·

U0254956

图书在版编目(CIP)数据

川味卤菜卤水秘方 / 兰玉著. 一成都：四川科学技术出版社, 2016.10（2025.2重印）
ISBN 978-7-5364-8455-9

Ⅰ. ①川… Ⅱ. ①兰… Ⅲ. ①川菜 – 凉菜 – 菜谱
Ⅳ. ①TS972.121②TS972.182.71

中国版本图书馆CIP数据核字(2016)第231120号

美食秘方秘技系列

川味卤菜卤水秘方

CHUANWEI LUCAI LUSHUI MIFANG

编　著　兰　玉

出 品 人　程佳月
责任编辑　任维丽
封面设计　韩健勇
版面设计　杨璐璐
责任出版　欧晓春
出版发行　四川科学技术出版社
　　　　　成都市锦江区三色路238号　邮政编码 610023
　　　　　官方微博 http://weibo.com/sckjcbs
　　　　　官方微信公众号 sckjcbs
　　　　　传真 028-86361756
成品尺寸　170 mm×230 mm
印　　张　12.25　字数 160 千
印　　刷　成都蜀通印务有限责任公司
版　　次　2016年10月第 1 版
印　　次　2025年2月第 8 次印刷
定　　价　28.00元

ISBN 978-7-5364-8455-9

邮　购: 成都市锦江区三色路238号新华之星A座25层　邮政编码: 610023
电　话: 028-86361770

前言

　　民以食为天，川味凉卤菜肴以色泽亮丽、香气四溢、滋味浓郁、营养丰富等特点，芬芳中华，香逸神州，深受人们的厚爱。

　　菜品的配方在菜肴制作中具有非常重要的作用，原料的用量决定着菜肴的味。作者曾任四川烹饪高等专科学校成人教育处培训中心特聘火锅、凉卤专业老师，为成都市青羊区兰玉技能培训服务部创建人。他长期从事川味凉卤、川味火锅技术的传授、指导、配方研究、菜品创新工作，指导或传授的学员遍及中国20多个省、市和台湾、香港地区及韩国等国家，有着丰富的理论知识和实践知识。根据多年实践经验，本书在简述了川味凉卤制作基本知识后，重点介绍了四川传统凉卤菜肴、大众菜品、创新佳肴的配方和制作技术。期望本书的出版能为广大凉卤菜肴制作者、熟食店经营者、烹饪爱好者掌握川味凉卤的基础知识和制作技术起到有益的参考作用。由于作者水平有限，书中不足之处，恳请读者批评指正。

兰玉

作者简介

兰玉：男，1964年生人，资深四川火锅、川味凉卤、川味冒菜、四川串串香、川味面臊、焖锅等餐饮领域技术研究专家，原四川烹专谭鱼头烹饪学院火锅、卤菜专业老师，四川旅游学院继续教育学院培训中心（原四川烹饪高等专科学校）特聘火锅、凉卤专业老师，四川川菜老师傅传统技艺研习会（简称川老会）会员，青羊区兰玉技能培训部（简称兰玉技能培训部）创建人。著有《川味卤菜卤水秘方》《川味火锅配方揭秘》《川味特色火锅实用配方》等火锅、凉卤专著。《川味卤菜卤水秘方》《川味火锅配方揭秘》被中国书刊发行业协会评为全行业优秀畅销品种图书。《川味卤菜卤水秘方》繁体中文版在香港联合出版集团万里机构饮食天地出版社出版。在《四川烹饪》《川菜》杂志曾发表多篇文章。曾应邀在"海底捞火锅""蜀滋香""帅巴人"等多家著名餐饮企业进行教学讲解。

兰玉技能培训部主要为行业人士在四川火锅、川味凉菜、川味卤菜、川味冒菜、四川串串香、川味面臊、焖锅、四川泡菜等餐饮项目开展专业技术传授、生产品种选项、标准配方设计、经营策划指导等工作，是培养餐饮业应用型、技术技能型人才的专业培训机构。兰玉技能培训部具有老师知名、技术顶尖、实战经验丰富，知识系统化、资料条理化、技术规范化、标准数字化、教学先进化、内容领先化，学员开店者甚多，且生意兴隆的八大特色。

电话：13881835795
地址：四川省成都市青羊区黄田坝
网址：www.lanyupx.com

目 录

目录

目录

目录

川味凉卤在川菜中占有很重要的地位，它是将烹饪原料经过精心调制，通过卤、拌、泡等烹饪方式，使之成菜的一种烹调方法。

第一章

川味凉卤基础知识

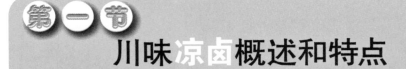

第一节 川味凉卤概述和特点

川味凉卤在川菜中占有很重要的地位，它是将烹饪原料经过精心调制，通过卤、拌、泡等烹饪方式，使之成菜的一种烹调方法。

一、川味凉卤概述

1. 萌芽时期

川味凉卤历史悠久、遐迩闻名。据东晋史学家常璩所著《华阳国志》记载，早在商周时期，蜀国"山林泽鱼，园囿瓜果，四季代熟"，巴国"土植五谷，牲具六畜"，出产"鱼盐"、"丹椒"，丰富的物质基础、盐和花椒的发现和使用，人们将盐、花椒加水与其他原料同煮，熟后食用，这是卤的雏形，卤水由此产生，卤烹技法由此萌芽。

2. 形成时期

秦灭巴蜀以后，秦王朝多次将其他国家的人们移居巴蜀，李冰修筑都江堰水利工程，使川西平原物产丰富。邛崃井盐的大力开发，为制作菜肴提供了原料和调料。本地土著居民与移民的和睦相处，烹饪技艺的互相交流，也促进了凉卤烹饪技术的发展，人们经常将食物与调料同煮，凉后食用，使这一技艺逐渐形成。

3. 成熟时期

在汉、魏、晋时期，凉卤技艺已初步成熟。西汉人扬雄所著《蜀都赋》对宴席和烹饪技艺作了详细的记载，东汉庖厨画像为人们描绘了当时成都的烹饪技艺。《蜀都赋》中记载"乃使有伊之徒，调夫五味。……五肉七菜。朦厌腥臊。……莫不毕陈"，就是叙述当时厨师利用各地的原料，在烹制食物时，用生姜、大蒜、花椒、醋酒、食茱萸等原料调和五味。汉时的宴会已有音乐、歌舞助兴。到了魏晋时期，人们更注重饮食，便有了"尚滋味，好辛香"的饮食习惯，也使凉卤技艺逐渐成熟。

4. 发展时期

唐宋时期，是我国各民族的大交融时期，加之四川经济发达，当时就有"扬（扬州）一益（成都）二"之称。由于物质丰富，烹饪技艺的互相交流，兼收并蓄，宴席成风，官员组织，百姓参与，规模盛大，有时仅为宴饮而搭的凉棚就有十余里。随着川菜的发展，也使凉卤技术得到了进一步的发展。

5. 兴盛时期

明清时期，特别是清朝时期，饮食逐渐由单纯的食用转向以社交为目的。清末傅崇矩所著《成都通览》中就有卤、炸、泡、糟等凉卤技艺的记载，凉卤的材料和配方已基本固定，民间和官方都已喜食凉卤菜肴，凉卤菜肴已进入四川满汉全席的菜单，由此可见川味凉卤在当时已进入兴盛时期。

6. 繁荣时期

新中国成立后，特别是自20世纪80年代以来，随着改革开放，从事川味凉卤包括研究、教育、技术、管理等专业人才的大量涌现，吸收各家之长，取其精华，兼收并蓄，不断改进，推陈出新，使川味凉卤更加繁荣兴旺。在祖国的大江南北，都有川味凉卤制品作坊、销售点、连锁企业，无论在高档酒楼，路边小店，熟食经营点，还是超市，都有品种繁多，制作精美，味型多样的凉卤菜品。

二、川味凉卤的特点

川味凉卤不仅具有浓郁的地方特色，还具有其他菜品所不及的优势，因此日渐繁荣，经久不衰。

1. 品种丰富，制作精细

制作凉卤制品的原料十分丰富，无论鸡、鸭、鱼、兔还是猪、牛、羊以及豆干、花生、黄瓜、青笋等都可以用于凉卤制品，为食者提供了丰富的菜品和极大的选择余地。

川味凉卤制品从选料到制作都非常严格和精细。鸡要选羽毛丰满，两眼有神，肌体健康，饲养期为一年以内，体重在1千克左右的小油鸡为佳。八角要选色泽棕红，个大均匀，回味略甜的秋八角。肥肠应将污物、黏液清洗干净。炼红油要选椒干辣香，色泽紫红，油润光亮，椒蒂垂直，椒肉肥厚的伏椒，经微火炕或焙至酥脆时剁碎入盆，再用色泽金黄、油香浓郁、清澈光亮的菜油经炼成熟菜油后再加温至五六成热时淋入盆内搅匀，即成红油。此时还不能马上使用，需隔夜后才能使用，因急制的不但辣味猛烈，香味较差，而且不粘原料。仅从红油的制作就不难看出川味凉卤制作的精细。

2. 色泽明艳，味型多样，造型美观

川味卤菜在使用形整体大的原料时，先用清水漂去血污，故制品色泽明艳。冰糖炒成糖色用于上色，使其制品色红油亮，且糖色无毒无害，不受环境酸性和碱性的影响，在阳光中暴露也不易变色。腌腊制品经洗净后用调料腌制，晾干表皮水分后用柏枝加花生壳、锯末等熏制而成，从而使制品色泽棕红，明艳光亮。川味凉卤制品的明艳色泽吸引了无数的目光和刺激着人们的食欲。

四川物产丰富，加上巴蜀人不仅有"尚滋味，好辛香"的饮食习惯，更能吸收各家之长，取其精华。利用四川特有的花椒、辣椒、精盐等原料，在味道上苦下工夫，不断改进。

川味凉卤的味型很多,常用的就有红油味、蒜泥味、怪味、麻辣味等十多种味型,再加上精湛的技艺,使制品香气诱人,油而不腻,味感丰富,深受人们的喜爱。

川味凉卤非常讲究装盘和造型,对形器的要求十分严格。搭配要合理,盛器和菜品的形质和花色要协调。用料合理,物尽其用,形式美观,形象生动,以其造型使人们赏心悦目,食欲大振。

3. 食用简单,营养丰富,养身怡年

川味凉卤菜肴为佐酒佳品,食客购回后,只需往餐具里一放,就可食用,使人们不必在厨房里忙碌半天,这也是人们喜爱凉卤制品的重要原因之一。

川味凉卤制品选料广泛,水产、家禽、畜类、蔬菜等均可使用,它富含人体所必需的蛋白质和维生素,加上川味凉卤制品在制作时加入了许多调味原料,如辣椒可增强食欲,姜能祛风散寒,这些原料相得益彰,既营养丰富,又可养身怡年。

第二节 川味凉卤常用烹饪技法和常用味型

一、川味凉卤常用烹饪技法

凉菜分热烹冷食和冷烹冷食两大类,热烹冷食就是将原料经过调味,用卤、炸、煮、烤等加热方式调制而成,晾凉后切配装盘即食。它具有酥软化渣或软嫩味醇,回味悠长的特点。冷烹冷食就是将经过加工后的原料进行调味,用拌、泡等不加热的方法精制而成。具有脆爽不腻,鲜嫩味醇的特点。

常用烹饪技法如下:

1. 卤
是将经过处理后的烹饪原料放入用调料、汤汁等对成的卤水中，先用旺火或中火烧沸，再用中火或小火加热至熟，使之上色入味的一种烹调方法。它具有色泽鲜艳，熟软适宜，鲜香味浓，滋味可口，易于存放等特点。

2. 拌
是将烹饪原料经煮、卤、蒸等方法加工而成的熟制品或将生的原料，经刀工处理成丝、条、片、块等形状后，加入用各种调味原料调成的味汁拌匀，使其入味成菜的一种烹调方法。具有色泽美观，鲜香味醇，适口入味，取材广泛，味型多样的特点。拌菜在操作时又可分为拌味汁、淋味汁、蘸味汁三种方法。拌味汁就是将烹饪原料经刀工处理后入盛器中，加入用各种调味原料制成的味汁拌匀入盘即食。淋味汁是将烹饪原料经刀工处理后装盘，淋入用各种调味原料制成的味汁，食时拌匀即可。蘸味汁是将烹饪原料经刀工处理后装盘，由各种调味原料制成的味汁入碟中，制成味碟，食时将菜品和味碟一同上桌，食者将菜品蘸碟而食。

3. 炸收
是将烹饪原料经清洗、刀工成形、码味等初步处理后入油锅中炸至一定程度时捞出，沥净油，再加汤汁和调料入锅中，用中火或小火使之回软入味的一种烹调方法。它具有色泽鲜艳，干香化渣，滋润味鲜，回味悠长的特点。

4. 炸
是将烹饪原料经清洗、刀工成形、码味、挂糊（直接）入热油中，用旺火或中火炸至一定程度后捞出，沥净油，使之入味成熟或酥脆的一种烹调方法。它具有色泽光亮，香气诱人，外酥内嫩，质脆味鲜的特点。

5. 熏

是将经清洗、刀工处理、码味后或已至成熟的原料,将柏枝或锯末、花生壳、花茶末等烟熏料点燃(不能有明火),冒青烟时,将烹饪原料置于青烟上烟熏,熏到一定程度时取出,使之上色、入味的一种烹调方法。它具有色泽鲜艳,烟香味浓的特点。

6. 腌腊

是将烹饪原料经清洗、改成大块或条,均匀抹上由多种调味原料组成的腌渍原料入缸中腌制一定时间后,晾干表皮水分,入炉中烘烤或直接晾干,使之上色入味的一种烹饪方法。它具有色泽鲜艳,芳香味鲜,风味独特的特点。

7. 冻

将琼脂或猪皮、猪肘、鱼类加清水熬成浓汁,放入经刀工处理的原料或已至熟的原料,冷却后使之成菜的一种烹调方法。它具有晶莹透明,柔嫩爽口的特点。

8. 渍

将豆类原料经炒熟后入锅中,放入用精盐、糖、醋、老盐水等调制的味汁中,加盖使之熟软、入味、成菜的一种烹调方法。它具有色泽鲜艳,香鲜味浓的特点。

9. 糟

糟分生糟和熟糟两种,生糟是将烹饪原料经清洗、刀工处理后入香糟、精盐等味汁中浸渍,再连糟或去糟,经煮、蒸等方法至熟,使之成菜。熟糟是将烹饪原料经清洗、刀工成形、原料至熟后,入香糟、酒等调料制成的味汁中浸渍,入味后经刀工处理成菜。它具有色泽鲜艳,糟香浓郁,清爽不腻,滋味独特的特点。

10. 泡

将烹饪原料经清洗、码味、刀工处理、加热至熟或经清洗、晾蔫后放入由精盐、花椒、清水等制成的溶液中浸泡,使之上色,入味成菜的一种制作方法。它具有色泽光亮,酸香浓郁,清鲜不腻,嫩脆爽口的特点。

二、川味凉卤常用味型

川味凉卤的味型很多，现就常用味型简述如下。

1. 红油味

复制红酱油、白酱油、精盐、白糖、味精入盛器中，充分调匀待白糖溶化后加红油、香油调匀即可。它具有色泽红亮，辣香味醇，咸鲜微甜的特点。

2. 麻辣味

精盐、白酱油、白糖、花椒面（花椒油）、味精入盛器中，充分调匀至白糖溶化后加红油、香油调匀即可。它具有色泽红亮，麻辣香醇，咸鲜不腻的特点。

3. 蒜泥味

蒜泥、精盐、白酱油、复制红酱油、味精入盛器中调匀加入红油、香油即可。它具有色泽鲜艳，酸香浓郁，咸鲜微甜的特点。

4. 怪味

芝麻酱入盛器中加醋、白酱油、复制红酱油充分搅匀成糊状，加精盐、花椒面、白糖，继续搅匀至白糖溶化后调入味精、红油、香油、熟芝麻即可。它具有色泽鲜艳，咸、甜、麻、辣、香、鲜、酸和谐并重，各不相伤，风味诱入的特点。

5. 椒麻味

葱叶、花椒（去籽，用温水略泡，沥净水）剁成茸，加精盐、白糖、白酱油、味精调匀至白糖溶化，加入香油搅匀即可。它具有色泽鲜艳，椒香浓郁，葱鲜味醇的特点。

6. 鱼香味

精盐、白糖入盛器中加白酱油、醋调匀至白糖完全溶化，加泡椒末、姜米、蒜米、味精搅匀,调入辣椒油、香油、葱花拌匀即可。它具有色泽红亮,葱、姜、蒜香气浓郁,咸、甜、酸、辣诸味兼备,各不相伤的特点。

7. 酸辣味

精盐、白酱油、醋入盛器中充分调匀,加红油、香油、味精搅匀即可。它具有色泽红亮,咸鲜酸辣,清爽可口的特点。

8. 糖醋味

精盐、白酱油、白糖、醋入盛器中充分搅匀至白糖完全溶化,加香油调匀即可。它具有色泽鲜艳,甜酸味浓,清爽鲜醇的特点。

9. 椒盐味

精盐入炒锅中炒去水汽,晾凉。花椒去枝蒂,入锅中用微火炒香,待凉后磨成粉与盐拌匀即可。它具有咸鲜麻香,味醇适口的特点。

10. 芥末味

芥末粉、白糖、醋入盛器中,搅匀至白糖完全溶化,调入沸水拌匀,加少许熟菜油调匀,密封1~2小时后即成芥末糊。精盐、白酱油、味精、醋调匀,加入芥末糊,调入少许香油即可。它具有色泽鲜艳,咸、鲜、酸、香、冲兼备,清爽可口的特点。

11. 麻酱味

芝麻酱用凉浓鸡汁调成糊状,加入白糖、精盐、味精调匀,淋入少许香油拌匀即可。它具有酱香浓郁,咸鲜适口的特点。

12. 五香味

主料经过清洗、刀工、炸、煮、蒸等方法至熟。锅置火上,掺入鲜汤,放入八角、肉桂、山奈、丁香、豆蔻、草果、月桂叶等香料,投入老姜、大葱、胡椒粉、精盐、料酒,熬出香味后放入主料,小火烧至入味汁浓时即可。它具有色泽红亮,香气四溢,咸鲜味醇,回味略甜的特点。

13. 白油味

白酱油、精盐、味精入盛器中调匀, 放入香油搅匀即可。它具有色泽鲜艳, 咸鲜味醇, 清爽适口的特点。

14. 姜汁味

精盐、白酱油、醋、香油、味精调匀, 加入姜末搅匀即可。它具有色泽鲜艳, 姜香浓郁, 咸鲜酸香, 清爽不腻的特点。

川味凉卤制作所需要的设备多种多样，包括各种炉灶、电器、锅具以及案板、菜墩、瓦缸、保鲜盒、刀具等等。

第二章

川味凉卤制作
常用设备与用具

川味凉卤制作常用设备

一、炉灶

1. 熏炉

多为密闭式，木炭点燃，放上柏枝、花生壳、锯末、花茶叶等熏料点燃（但不能用明火）冒青烟时，架一铁制箅子，将要熏的原料放在铁箅上，加盖熏制一定程度时取出。

2. 灶具

现多使用以柴油、煤油、天然气、液化气作为燃料的不锈钢灶具，可根据需要选购用于炒、炸、煮的炒菜灶或适用于熬汤、卤制菜肴的专用灶具，它比炒菜灶稍低。如使用液化气、天然气为燃料的灶具，应先仔细阅读灶具说明书，核对燃气种类与灶具是否相符，进气管不得使用劣质或有接口的胶管，先将进气口清洗干净，再用专用卡夹紧管道。如使用柴油、煤油作燃料的灶具，应先将火种放在点火处，再开启油门、开关，确定点燃后再调至所需火力的位置。

二、冰箱和锅具

1. 冰箱

目前用于冷冻食品的设备多为电冰箱。厨用冰箱分立式、柜式、卧式等。柜式和卧式冰箱又称冷柜、冰柜。一般来讲，每10升容积能存放1500克食物。电冰箱应安装在离炉、灶等热源较远，阴凉、通风处。冰箱背部应离墙20~50厘米，以保证空气流通，利于压缩机散热。安装电源时，应与冰箱铭牌上的电压和相数相符，并独立使用三柱插座或闸刀。电冰箱外壳还应接电阻不得大于5欧姆的地线,以保证安全。电冰箱内的冰霜若超过1厘米时,应切断电源,用冷水冲去冰霜,不能用刀、棍等硬物去清除(以免损坏制冷管),然后用沾有少许中性洗涤剂的软布擦洗,最后用清水擦洗干净。

2. 水锅

水锅一般无耳,生铁材质制成,分大号、二号、三号等型号,用于烧水、氽鸡、鸭等用。

3. 炒锅

多为铁、不锈钢材质制成,口径多为30~40厘米左右,深约12厘米,用于炒制糖色,炸制少量鸡、鸭等。

4. 汤桶

多为不锈钢、搪瓷、陶器等材质制成,口大底平。汤桶的型号很多,可根据需要进行选择。用于熬汤和制作卤品时使用。

川味凉卤制作常用用具

1. 案板

多用木质材质制成。有脚架,上铺铝皮或不锈钢作案面,要求结实、稳固。主要用于摆放器皿、切配菜品等使用。

2. 菜墩

以椴树、杨树、皂角树等不起屑、不裂缝的优质木质材质制成。新菜墩在使用前需用浓盐水浸泡数天,捞出,晾干水分,再用植物油反复涂抹，并在菜墩的中部用铁丝箍紧，这样可使菜墩保持湿润、不裂、耐用。销售凉卤菜品现场操作的菜墩还应用高为20～30厘米的半圆形白铁皮，在菜墩1/3处的边缘围一圈，并用钢钉固定，以便剁猪蹄、鸡、鸭时不散落于外。菜墩主要用于切、配、剁菜品时使用，菜墩用后要先刮洗干净，再用沸水稍烫，竖立晾干。

3. 瓦缸

土陶制品。口大底平。它具有传热稳定、持久、保温、卤水不易坏等优点，在使用新的瓦缸时先用铁丝将缸的中部箍紧，再用米汤或浓盐水浸泡，以防止破损，使之耐用。用于盛装卤水等使用。

4. 保鲜盒

多为塑料制品。用于盛装原料使用。

5. 盆

多为不锈钢、铝合金、铜、塑料等材质制成。四周成直面，底部平坦。常用于浸泡、洗涤、盛装原料使用。

6. 平盘

多为不锈钢、铝合金、铜等材质制成。用于盛装、摆放凉卤菜品。

7. 圆盘

多为陶瓷、不锈钢等材质制成。用于盛装凉卤菜品。

8. 攒盒

多为木质、瓷器等制成。用于盛装凉卤菜品。

9. 片刀

体轻、口薄、刀身窄而长。用于片鸡片、腰片、鱼片等使用。

10. 切刀

刀身比片刀略宽、刀口比片刀略厚。用于切、配菜品使用。

11. 砍刀

刀背较厚,刀口比切刀略厚,用于剁猪蹄、羊蹄等使用。

12. 雕刻刀

用于食品雕刻之用。

13. 毛镊

多为铝质材质制成。用于清除禽、畜残毛之用。

14. 炒瓢

选体轻、质好、传热快的熟铁材质制成。用于炒制菜品、糖色等使用。

15. 漏瓢

多为熟铁或铝质材质制成。形如炒瓢,瓢中钻有若干个小孔,用于在油锅、卤水中捞取原料。

16. 抄瓢

多为熟铁或铝质材料制成。口较大,瓢中钻有若干个小孔,用于在油锅、卤水中捞取食品。

17. 丝漏

用铁丝、钢丝编织而成,形如瓢形的网。用于滤渣、捞取原料之用。

18. 抓钩

多为熟铁制成。顶端有尖形弯钩,用于在锅中捞取鸡、鸭等用。

19. 烙刀

熟铁材质制成。烫烙猪蹄、羊蹄、肉皮之用。

20. 调料缸

多为不锈钢、铝制品、土陶等材质制成。用于盛装调料之用。

21. 食品夹

不锈钢或铝质材质制成。夹取食物之用。

22. 香料袋

用纱布织成小口袋,用于盛装香料。

在制作凉卤菜肴之前，要充分了解各种原料的品质、特点、性能、应用、产地、加工和保管方法等，只有充分利用每一种原料的特　　　　　性，才能烹制出独具特色的菜肴来。

第三章

川味凉卤常用原料

原料品质检验方法

　　制作凉卤菜肴之前,要充分了解各种原料(如主料、辅料、调味原料等各类原料)的品质、特点、性能、应用、产地、加工和保管方法等,只有充分利用每一种原料的特性,才能烹制出独具特色的菜肴来。

　　鉴别原料是否符合要求,检验的方法有两种:一是由食品管理单位或食品专业检验人员通过科学仪器进行检验,从而来判断其原料是否符合要求,这称为理化检验。另一种是通过人们的感官(视觉、嗅觉、触觉、听觉)用望、闻、切、尝等方法来判断原料是否符合要求。

1. 望
用视觉器官眼睛来观察原料的形状、色泽,从而来判断其是否符合要求。

2. 闻
用嗅觉器官鼻子来感觉原料的气味,从而来判断其是否符合要求。

3. 切
用触觉器官手接触原料,通过按、敲等触摸方式来观察原料的硬度、质地、弹性、声响,从而来判断其是否符合要求。

4. 尝

用味觉器官舌尖接触原料来感觉原料的味道，从而来判断原料是否符合要求。

川味凉卤常用调味原料

一、调味原料在凉卤菜品中的作用

在烹制菜肴的过程中，用于改善和丰富菜肴的口味，增强菜肴风味的原料称为调味原料，又称调料或调味品。由于每一种调味原料都含有与其他调味原料不同的特殊成分，这些特殊成分在烹制菜肴的过程中，通过理化反应，不仅起着调和诸味、去异、增色、增香、增鲜的作用，还能使食物形成一种独特的风味，从而增强和促进人们的食欲。

二、川味凉卤常用调味原料

1. 基本味调味原料

基本味就是指单一原料的本味，又称母味、原味，菜肴无论怎么变化，都是由咸、辣、酸、甜、麻、鲜、香等基本味复合而成。

（1）干辣椒

干辣椒又称为干海椒，是新鲜红辣椒经过晒干而成的一种干制品。

干辣椒主要产于四川、云南、湖南、贵州、陕西等地。辣椒的品种很多，烹制川味凉卤菜肴常用的品种有朝天椒、七星椒、二荆条等。一般认为七星椒辣、朝天椒香，二荆条辣味稍逊于七星椒，但香味和色泽优于七星椒。辣椒品种的选择应根据所在区域的人们对辣味的接受程度来确定。

干辣椒从采收季节来分，分为伏椒（夏天所产）、秋椒（秋天所产）。伏椒应选椒蒂垂直、色泽紫红、油润光亮、椒干籽少、椒肉肥厚、辣中带香、半透明、无霉烂、无虫蛀、无杂质的为佳。秋椒则为椒蒂弯曲、色泽暗淡、籽多肉薄质稍次。

干辣椒味辛性热，温中散寒，在凉卤菜肴中起着压抑异味，增香去腥，开胃促食，增加凉卤菜色泽，增强凉卤菜肴香辣味的作用。

干辣椒在使用时，应用剪刀去掉椒蒂，剪成约2厘米长的节，并筛去大部分籽。使用完整的辣椒出味慢，籽多不仅影响菜肴的感官，还易使卤水产生浑浊和煳味、苦味，椒蒂则会产生苦味和影响菜肴的感官。

干辣椒应晒干后入盛器中密封，存放于干燥阴凉通风处，注意防潮，防污染，避免虫蛀，变质。

（2）泡辣椒

泡辣椒又称鱼辣椒，为四川特产。是将新鲜红辣椒洗净后，晾干表皮水分，入泡菜坛中加老盐水、精盐等调料泡制而成，以四川新繁的泡辣椒最为著名。

泡辣椒在凉卤菜肴中起增辣、增色、增鲜、促风味的作用。

泡辣椒应选色泽红艳，肉厚籽少，咸味适中，酸香浓郁，鲜辣完整的为佳。

在使用时应去蒂、籽，根据需要剁碎或切成节、段。

泡辣椒在泡菜坛内时，应将泡菜坛置放于干燥、阴凉、通风处。勿沾生水、油。随时保持泡菜坛的卫生和随时有洁净的坛沿水，以免变质而影响风味，经加工后的泡辣椒如当天没用完，应置于盛器内，加少许色拉油密闭入冰箱中保鲜。

（3）干花椒

干花椒为芸香科植物花椒的果实，在每年的7~10月待果实完全成熟时经采摘晒干而成。花椒主要产于四川、云南、贵州、陕西等地。以四川汉源清溪花椒，又称"贡椒"，属南路椒、阿坝茂汶的"大红袍"又称"西路椒"为上品。

干花椒应选粒大饱满、色泽黑红或紫红油润，皮细籽少，麻香浓郁，无苦臭，无异味，无杂质的全干品为佳。

干花椒味辛、性温，温中散寒，在凉卤菜肴中不仅起着压抑异味、解腻、去腥、增香、增鲜的作用，还能与辣味相结合形成一种醇厚的复合味——麻辣味。

在使用干花椒时，应尽量去掉枝蒂、椒目（花椒籽），以免影响菜肴的感官和使菜肴产生浑浊和苦涩味。根据需要可整粒或磨成粉或加熟菜油炼成花椒油后使用。

干花椒具有挥发性，在保管时应待花椒干燥后密闭于避光的容器内，置干燥、阴凉、通风处存放。

（4）鲜花椒

鲜花椒是待花椒即将成熟或完全成熟的新鲜籽粒经采收而成，主产于四川汉源、茂汶、凉山等地。

鲜花椒在凉卤菜肴中不仅起着突出麻味，还有去腥、解腻、增鲜、增香的作用，还具有一种醇厚的清香味。

鲜花椒因采收时间不同，有的颜色青绿，有的则为浅紫色，应选麻香浓郁，清香味浓，油润光亮，无苦臭，无异味的为佳。

鲜花椒在使用时可整粒或剁碎后使用。

鲜花椒不仅具有挥发性，而且时令性也很强，应即时采摘后置于容器中，加色拉油浸泡并密封，置于冰箱中保鲜，或采摘后入食品真空袋中密封，入冰箱、冷冻库中速冻保存。

（5）豆瓣酱

豆瓣酱又称豆瓣、蚕豆酱等，是用蚕豆、精盐、鲜辣椒等原料经过多道工序酿制而成。豆瓣酱产地很多，以四川郫县豆瓣最为著名。

豆瓣酱应选色红油润，咸鲜辣香，瓣粒粗壮，滋软味鲜，酱香或清香味浓，咸味适中的为佳。色泽黑褐、味酸、咸味太浓则不宜使用。

豆瓣酱在川味凉卤菜肴中不仅起着使菜肴增辣、增咸、压异、增鲜，还具有使菜品色红油亮，香气四溢，回味悠长的作用。

豆瓣酱可视具体情况不剁细或剁细或稍剁碎后使用。

在保管时应注意防潮、防霉、防污染，勿沾生水，使用后应密封于盛器中，置干燥、阴凉、通风处存放。

（6）白糖

白糖又称白砂糖，多以甘蔗经多道工序制成。四川的白糖以内江、资中所产最为著名。

白糖在凉卤菜肴中起着增鲜、解腻、调和诸味的作用。

白糖应选洁白光亮，颗粒均匀，甜味纯正，无结块、无异味的为佳。

白糖可直接或溶化后使用。

白糖在保管时应注意防潮，防污染，应密闭于容器中置于干燥、阴凉、通风处。

（7）冰糖

冰糖分为两大类，一类是白糖的再制品，一类是由甘蔗一次性提炼而成。四川的冰糖以内江、资中等地所产最为著名。

冰糖味甘平，益气润燥。在凉卤菜肴中不仅具有抑制某些原料的苦涩感，还起着使卤品色红光亮，增鲜、增味的作用。

白糖的再制品以形状统一，颗粒均匀，透明光亮，质地晶莹，甜味纯正的为佳。甘蔗一次性提炼而成的为不规则形，色发暗，味甜香，质稍次。

冰糖应敲碎后再使用。

在保管时应注意防潮、防水、防油、防污染、防高温，应密闭于容器中，置放于干燥、低温、无污染的地方。

（8）姜

姜为多年生草本植物，一年生栽培。姜分为子姜（嫩姜）和老姜两大类，凉卤制品调味多使用老姜。

老姜在卤菜中具有去腥、去膻、压异、解腻、增鲜、增香的作用。

老姜应选干燥、光亮、色黄、性辣、根茎肥大、无腐烂、无变质的为佳。

老姜可拍破或切成片使用。

老姜应置于干燥、阴凉、通风处存放。

（9）葱

葱属百合科植物。一年生栽培，葱分大葱、小葱两大类。

葱在川味凉卤菜肴中起着去异、压腥、增鲜、增香、开胃，促进食欲的作用。

葱应选葱鲜、味浓、叶少、无腐烂、无变质的为佳。

葱应去掉黄叶、老叶、根须，洗净后再使用。

葱置于干燥、阴凉、通风处竖立存放。

（10）洋葱

洋葱为百合科植物，一年生栽培。洋葱的品种分红皮、黄皮、白皮等数种，以红皮为佳。

洋葱在凉卤菜肴中具有杀菌、去异、增鲜、增香的作用。

洋葱应选葱鲜、味浓、皮红、无腐烂、无变质的为佳。

洋葱应去根蒂、粗皮，洗净后再使用。

洋葱应置放于干燥、阴凉、通风处存放。

（11）蒜

蒜属百合科，多年生，宿根草本植物，一年生栽培。蒜的品种很多，分布很广，著名的有四川独蒜，南京大四蒜等。

蒜在凉卤菜肴中具有杀菌、去腥、解腻、增鲜的作用。

蒜应选表皮干燥、颗粒饱满、蒜香味辣、无腐烂、无变质的为佳。

蒜应去蒂、去皮、洗净，晾干水分后再使用。

蒜应置于干燥、阴凉、通风处存放。

（12）胡椒

胡椒属胡椒科，多年生藤本植物。胡椒又称古月、大川。胡椒分黑胡椒和白胡椒两大类，黑胡椒是胡椒果实刚变红时经采摘晒干而成。白胡椒是待果实完全变红，经采摘后用水浸泡去皮晒干而成。川味凉卤制作中多使用白胡椒。

胡椒在凉卤菜肴中具有去异、和味、增辣、增香的作用。

胡椒应选颗粒均匀，洁净饱满，香辣味浓，气味芳香，无杂质，无霉烂，无变质的为佳。

胡椒可整粒或磨成粉来使用。

在保管时应密闭于容器中，置干燥、阴凉、通风处存放。

（13）米酒

米酒又称醪糟，是将糯米经浸泡、蒸煮后加酵曲酿制而成。

米酒在川味凉卤制品中不仅具有去异、压腥作用外，还能使菜品鲜香味美，风味别致，回味甘醇。

米酒应选米粒色白，汁稠不浑浊，香甜适口，酒香味醇的为佳。

米酒勿沾生水、油等，避免干燥和高温，应置低温、阴凉、洁净、通风处。如不使用或当天未用完者，密闭于容器内，置冰箱中保鲜。如米酒有异味或味酸、发涩时不宜再使用。

（14）料酒

料酒又称黄酒、老酒，是以糯米或小米为主要原料，加酒药、酵曲等经多道工序酿制而成。

料酒在川味凉卤菜肴中具有去异、压腥、去臊、增鲜的作用。

料酒应选用酒液橙黄、透明、味醇、无异味，酒精含量为15度以上的为佳。

料酒易挥发，应密闭于坛中，置于室温２０度左右，阴凉、通风处存放。

（15）精盐

精盐是将粗制盐经溶解、过滤、蒸化、结晶等多道工艺精炼而成，以四川自贡精盐最为著名。

精盐在川味凉卤菜肴中具有定味、调味、杀菌、增鲜、解腻、压腥、防腐的作用。

精盐应选氯化钠含量为９０％以上，色白而细，咸味醇正，疏松无结块，无异味的为佳。

精盐忌受潮，勿沾水、油等，应储于罐、缸中，置于干燥、阴凉、通风处存放。

（16）酱油

酱油又称豆油,是用粮食经发酵酿制而成。味纯鲜,无它味的酱油称白酱油。

酱油在川味凉卤菜肴中具有定味、增咸、增色、增鲜的作用。

酱油应选色泽红褐,鲜艳透明,香气浓郁,醇厚汁稠,咸味适中的为佳。

酱油应置于阴凉、通风、无污染处存放。

(17)醋

醋分酿造醋和人工合成醋两大类。酿造醋是由原料通过酵曲发酵后,用固体发酵法酿制而成,品种有米醋、酒醋、糖醋等。川味凉卤菜肴常用米醋做调味原料,它是用大米、高粱、小麦等粮食经过多道工序酿制而成,以山西老陈醋、四川保宁醋最为盛名。

醋在凉卤菜肴中起着增香、增鲜、解腻、促酸、开胃、促食的作用。

醋应选色泽红亮,香气浓郁,汁液清澈,酸味醇正,回味甜香的为佳。

醋具有挥发性,宜密闭于容器中,置于干燥、低温、阴凉、通风处存放。

(18)芥末

芥末是十字花科植物芥菜的种子经采收后磨成粉而成。

芥末在凉菜菜肴中主要用于调制"芥末味",它具有解腻、提味、辛香而冲的作用。

芥末具有挥发性,应密闭于容器中,置干燥、阴凉、通风处存放。

(19)芝麻酱

芝麻酱是将芝麻经炒熟后磨制而成。

芝麻酱在凉卤菜肴中起着增香、和味、促鲜、稠汁的作用。

芝麻酱应选香气浓郁,色泽深褐,水分少,无结块,无变质的为佳。

芝麻酱应密闭于容器中,置于干燥、阴凉、低温处存放。

(20)鸡精

鸡精是一种新型调味助鲜剂,是用鸡、鸡蛋、谷氨酸钠等原料精制而成。

鸡精在凉卤菜肴中具有增鲜、和味、增味的作用。

鸡精应选咸味低，鲜味浓，味醇厚，无结块的为佳。

保管时应勿沾水、油等，注意防潮。

（21）味精

味精是用小麦、玉米、大豆等原料，使淀粉或面筋蛋白经水解或发酵的方式精制而成。

味精在菜肴中具有增鲜、和味的作用。

味精应选咸味低，鲜味浓，干燥、无结块的为佳。

味精通常在70℃～90℃时溶解度最大，鲜味最浓，如超过120℃以上时，有一部分物质就转化为焦谷氨酸钠，不但没有鲜味，而且还有毒性。

味精勿沾水、油等，注意防潮变质。

2. 香料类调味原料

（1）八角

八角又名大料、大茴香、八角茴香等，为木兰科植物。每年的2～3月和8～9月八角果实成熟后经采摘、晒干而成，多分布于云南、广西、贵州、广东等地。

八角味辛，性温，有散寒健胃，理气镇痛之功效。在川味凉卤菜肴中起着增香去腥、解腻、增鲜的作用。

八角由6～13个小果聚集而成，呈放射状排列，根据采收季节又分秋八角和春八角两大类，秋八角应选质干、个大、色泽棕红，颗粒饱满，完整身干，香气浓郁，回味略甜，无霉烂，无杂质的为佳。春八角则为色泽褐红，果实较薄，角尖而细，香气较淡，质稍次。当年产的八角香气不浓，需晒干后储存两三年才香气浓郁，为最佳使用期。在选购时如发现色泽暗淡，香气微弱，尝之无味者则是已使用经回收晒干而成。如籽空色淡，香气微弱者则表明已经取过茴香油。

在选购时还应注意有一种形似八角，学名为"莽草果"的假八角混入，它的特征为果小瘦长，蓇葖较多，尖端明显弯曲，闻之有樟脑或松节油气味，尝之有刺激性酸味。莽草果毒性较大，误食后可造成恶心、呕吐、甚至死亡。在选购时需慎之。八角应掰成小块后再行使用，以利出味。

（2）草果

草果属姜科植物，每年的10~11月开始成熟变为红褐色并未开裂时经采摘后晒干而成的干燥果实。主产于云南、贵州、广西等地。

草果味辛，性温，有暖胃、祛寒、去臭之功效。在川味凉卤菜肴中具有去腥、压异、健胃、增香、防腐的作用。

草果应选表皮呈黄褐色，破开后内皮呈金黄色（呈白色的质稍次），质干个大，颗粒饱满，香气浓郁的为佳。

为利出味，草果应拍破后再使用。

（3）肉桂

肉桂为樟科植物，肉桂的树皮、枝皮在每年的8~10月经剥离后晒干而成。主产于广西、云南、广东等地。

肉桂味辛，性热，有温肾、止痛、散寒之功效。在凉卤菜肴中起着增香、增鲜、去异、防腐、促食欲的作用。

肉桂应选表皮呈灰褐色，内皮呈红黄色，皮细肉厚，香气浓郁，回味略甜，无虫蛀，无霉烂，质干的为佳。

肉桂应掰成小块后再行使用，以利出味。

（4）豆蔻

豆蔻又名圆豆蔻、白豆蔻、白叩、叩仁等。是姜科植物白豆蔻果树的果实，待成熟后经采摘、晒干而成。主产于福建、广西、云南等地。

豆蔻味辛，性温，有暖胃、促食、消食、解酒、止呕镇吐之功效。在川味凉卤菜肴中具有去异、增香、防腐、促食欲的作用。

豆蔻应选颗粒饱满，干燥，表皮有花纹，色呈灰白，气味芳香，无霉烂，无虫蛀，无杂质的为佳。

豆蔻应拍破后使用，以利出味。

（5）肉豆蔻

肉豆蔻为肉豆蔻科植物肉蔻的果实,待成熟后经采摘、晒干而成。主产于广东、广西、云南等地。

肉豆蔻味辛,性温,有暖胃止泻、健胃消食之功效。在川味凉卤菜肴中具有增香、防腐的作用。

肉豆蔻应选表皮呈淡褐色,肉仁饱满,质干坚实,香气浓郁,味辣微苦,无腐烂,无杂质的为佳。

肉豆蔻应拍破后使用,以利出味。

（6）砂仁

砂仁,又名阳春砂仁、缩砂蜜、春砂仁等,为姜科植物阳春砂仁的果实,成熟后经采摘晒干而成,主产于广西、云南、广东、福建等地。

砂仁味辛,性温。有温脾止泻、暖胃行气之功效。在川味凉卤菜肴中起着增香、解腻、去腥的作用。

砂仁应选颗粒饱满,气味芳香,质干无杂质,无虫蛀的为佳。

砂仁拍破后使用,以利出味。

（7）白芷

白芷为伞形科植物白芷的根茎,2月、8月时节,当叶片变黄,采收晒干后撕去粗皮而成。主产于黑龙江、吉林、内蒙古等地。

白芷味辛,性温,有祛寒止痛、解毒止血之功效。在川味凉卤菜肴中具有去腥、增香、解腻之作用。

白芷应选气味芳香、色白质干、无虫蛀、无霉烂、无杂质的为佳,为利出味,白芷应切碎后使用。

（8）丁香

丁香为桃金娘科植物,在每年的9月至次年的3月,待花蕾由白变青,再转为鲜红色时,经采摘后晒干而成的称公丁香,人们习惯称公丁香为丁香、子丁香,丁香的成熟果实称为母丁香。川味凉卤菜肴中多使用公丁香,主产于广东、山西、福建等地。

丁香味辛,性温,有暖胃镇痛、理气止泻之功效。在川味凉卤菜肴中具有增香、压异、促风味的作用。

丁香应选形态略呈棒状，躯干粗壮，个大均匀，色泽棕红，油润质坚，香气浓郁，无霉烂，无杂质，无虫蛀的为佳。

（9）甘草

甘草为蝶形花科多年生草本植物，在秋季采挖后经切片、晒干而成，主产于宁夏、河北、黑龙江等地。

甘草味甘，性平，有润肺止咳补脾益气，清热解毒，调和百药之功效。在凉卤菜肴中具有和味、解腻之作用。

甘草应选色泽金黄，香气浓郁，质干个大，回味略甜，无杂质的为佳。

（10）山柰

山柰又名三柰、沙姜，是姜科植物山柰的根茎，经采收后切成小块，晒干而成。主产于广东、云南、贵州等地。

山柰味辛，性温。有行气止痛，助消化之功效，在川味凉卤菜肴中具有压异、解腻、增香、和味的作用。

山柰以选外皮呈黄红色，切面色白有光，个大均匀，干燥芳香，无杂质，无霉烂的为佳。

（11）小茴

小茴又名茴香、谷茴香，是伞形科植物茴香在每年的9～10月果实成熟时，经采摘、晒干而成，主产于山西、辽宁、内蒙古等地。

小茴味辛，性温，有理气散寒之功效。在川味凉卤制品中起着压腥、增香的作用。

小茴应选颗粒饱满，色泽草绿，香气浓郁，质干无梗，无泥沙，无杂质的为佳。

（12）月桂叶

月桂叶是樟科植物月桂树的叶片成熟后经采摘，去杂质，阴干或晒干而成，主产于江苏、福建、广东等地。

月桂叶味辛，性温，有散寒镇痛，暖脾健胃之功效。在川味凉卤菜肴中具有增香、和味的作用。

月桂叶应选叶长、片大、干燥、色泽浅绿，气味芳香，无杂质的为佳。

3. 复制调味品

川味凉菜味型多样，为满足调味的需要，需制作由两种以上原料经加工而成的调味品，称为复制调味品。

（1）红油

又称辣椒油、熟油辣椒、红油辣椒等，具有色泽红亮，辣香浓郁，回味悠长的特点，在川味凉卤菜肴中起着使菜品色泽鲜艳，香气浓郁，辣味醇厚的作用。

原料配方

①主要调味原料：干辣椒节2000克。

②辅助调味原料：八角10克　肉桂5克　熟菜油8000克。

制作工艺

①炒锅置微火上，放入200克熟菜油烧热，下干辣椒节，微火焙至椒干辣香后起锅，待凉透后磨成粉即成辣椒面。八角、肉桂掰成小块，辣椒面、八角、肉桂入不锈钢或铝制品、搪瓷盛器内。

②炒锅置中火上，放入熟菜油，油温升至四五成热时倒入盛器中搅匀，晾凉，加盖，置干燥、阴凉处。

工艺关键

①干辣椒节应选二荆条或朝天椒，因其色红辣香。

②干辣椒节与油的比例最小1:4，最高1:6。

③红油应存放1~2日后使用，现制的味燥辣，香气较弱，色淡且浓度较稀。

④红油应一次性制作1500克干辣椒节以上者为佳，因量小，色淡，香味不浓，且浓度较稀。

⑤需凉后加盖，如趁热加盖，水蒸气附在盖上，凉后会滴入油中，影响质量。

（2）花椒油

具有香气浓郁，麻味醇厚的特点，在凉卤菜肴中起着增香、增麻的作用。

原料配方

①主要调味原料：干花椒1000克。

②辅助调味原料：熟菜油5000克。

制作工艺

①炒锅置微火上，下干花椒，焙至酥脆时起锅，凉透后入盛器中。

②炒锅置中火上，下熟菜油，油温升至四五成热时倒入盛器中，置阴凉通风处，晾透后加盖，即成。

工艺关键

花椒油应存放1~2日后使用，现制的香味、麻味、稠度都较差。

（3）复制红酱油

又称复制酱油，具有色泽棕红，香气浓郁，咸甜汁稠的特点，在凉菜中起着使菜品增色、增香、增味的作用。

原料配方

①主要调味原料：白酱油2000克

②辅助调味原料：老姜100克　红糖400克　八角20克　肉桂15克　月桂叶10克　草果15克　山柰10克　甘草5克　干花椒5克　味精10克。

制作工艺

①老姜拍破，干花椒焙酥，八角、肉桂掰成小块，草果拍破，红糖切碎。八角、肉桂、月桂叶、草果、山柰、甘草、干花椒洗净入香料袋中。

②炒锅置中火上，放入白酱油、老姜、香料袋烧沸，改用微火熬至香气四溢，浓稠味鲜时，拣去老姜、香料袋，调入味精即可。

（4）椒盐

具有咸鲜麻香的特点，在凉菜中起着增咸、增麻、增香的作用。

原料配方

①主要调味原料：精盐500克

②辅助调味原料：干花椒150克

制作工艺

①干花椒去枝蒂、椒目。

②炒锅置微火上，下干花椒，炒至酥脆时起锅晾凉。炒锅置中火上，放入精盐，炒至水汽全干时起锅晾凉。

③将精盐、花椒磨成粉拌匀即可。

（5）椒麻糊

具有椒香浓郁，葱鲜味醇的特点，在凉菜中起着增香、增麻、促鲜的作用。

原料配方

①主要调味原料：干花椒100克　葱叶1000克

②辅助调味原料：熟菜油500克

制作工艺

①干花椒去枝蒂、椒目，用清水洗净，葱叶切成葱花。

②葱叶、花椒拌匀剁成细末，入盛器中。

③炒锅置中火上，放入熟菜油，烧至三成热时，倒入盛器中搅匀即成。

（6）芥末糊

具有辛香四溢，回味酸鲜的特点，在凉菜中起着增辛香，促风味的作用。

原料配方

①主要调味原料：芥末粉100克

②辅助调味原料：白糖50克　醋200克　熟菜油150克

制作工艺

芥末粉、白糖、醋放入盛器中调匀至白糖完全溶化。加沸水500克搅匀，调入熟菜油拌匀，加盖，待1~2小时后即可。

（7）油酥豆瓣

具有色泽红亮，香气四溢，辣醇味鲜的特点，在凉菜菜肴中具有增色、增辣、增咸、促风味的作用。

原料配方

①主要调味原料：郫县豆瓣500克

②辅助调味原料：姜片100克　　蒜米30克　　豆豉20克　　冰糖3克　　料酒5克　　色拉油600克

制作工艺

①郫县豆瓣稍剁碎，豆豉剁碎用料酒稀释，冰糖敲碎。

②炒锅置中火上，烧热，放入色拉油，待油温升至三四成热时下姜片、蒜米，待蒜米呈淡黄色时投入豆瓣酱、豆豉、冰糖，炒至豆瓣酥香时起锅，入绞肉机中绞碎即可。

三、调味原料的盛放

调味原料盛放不妥，会影响其质量，甚至变质，在了解其形态和性质后应进行合理的盛放。

1. 容器的选择

根据原料物理和化学性质的不同，进行不同容器的选择，如豆瓣酱、白酱油、醋就不能用金属容器，以免产生化学变化，腐蚀容器和变质。香料应用密闭的容器，以免香味的挥发。高温原料不宜用玻璃器皿盛装，以免爆裂。白糖应用避光、防潮的容器，以免变质。

2. 置放环境的选择

葱、姜、蒜如置放于潮湿的地方会霉烂，过分干燥的地方会萎缩干枯，白糖在高温的地方易变质，醋、酱油在温度过高的地方易挥发、变质，应离炉口较远的位置盛放。

只有充分分析各种原料的性质，进行合理的盛放，才能确保原料的质量。

第三节 川味凉卤常用油脂

一、油脂的意义

油脂是油和脂肪的统称，通常将在常温下呈液体状态的称为油，呈固体状态的称为脂。从原料来源上分植物油脂和动物油脂两大类。油脂富含脂肪酸、磷脂、维生素等。

油脂通过火力和加热以对流的方式传给原材料，由外部向内部渗透，有机化合物迅速产生理化作用，这样就使油脂不仅具有人们所需要的脂肪酸、热能，还能有助于人们维持体温和对维生素的吸收、利用，保护人体内脏器官，以及使原材料保温、保色、增香、增色、保形、解腻、去腥、强化风味的作用。

二、常用油脂

1. 菜油

菜油又称清油、菜子油，为十字花科植物油菜的种子在完全成熟时经采收后晒干、榨制而成，主产于四川、云南等地。

菜油在川味凉卤菜肴中具有滋润原料，去异、压腥、增色、增香、增鲜的作用。

菜油应选色泽金黄，油香浓郁，清澈光亮，无水分，无异味的为佳。

生菜油应炼成熟菜油后方能使用，其制作方法为：生菜油入锅中，置中火上，待油温升至七八成热时将锅移离火口，放入少许葱节、姜片，待稍凉后滤去葱姜既成熟菜油。

2. 色拉油

菜油初步加工处理后而得的为粗制油,经过水洗、碱炼等方法制成的为精炼油,精炼油再经脱色、脱臭、脱味等方法而成为色拉油,是一种高级食用油。

色拉油在川味凉卤菜肴中不仅具有滋润原料,去异、增香、增鲜,还具有保色的作用。

色拉油应选无色、无味、清澈光亮的为佳。

3. 香油

香油又称芝麻油、麻油,是用芝麻的种子提炼而成,应有一种特殊的香味。

香油在川味凉卤菜肴中具有增香、和味、滋润原料的作用。

香油应选色泽光亮,香气浓郁,无水分,无杂质,无异味的小磨香油为佳。

4. 猪油

猪油是将猪体脂肪切成小块,经熔炼而成。

猪油在川味凉卤中不仅具有对猪、牛内脏和鱼类原料的腥膻味有着特殊的压异作用,还具有滋润原料、增色、增香的作用。

猪油应选熔炼冷却后色白、质软、油香浓郁、无杂质、无异味的为佳。猪板油为上品,肉化油次之。

三、油脂的保管方法

植物油脂在保管时不宜使用塑料和铁、铜等容易起化学反应的容器,应用瓦缸或油篓盛装,避免高温和阳光照射,隔绝空气,置于4℃~10℃之间,干燥、阴凉、通风处,注意保持清洁卫生,防止污染。如发现浑浊或翻泡的现象,表明油脂已变质,不能食用。

猪油不宜高温和久贮,应冷却后密闭于容器中,置冰箱中存放。

川味凉卤制品常用原料

川味凉卤制品，所用原料十分广泛，现就常用制品、原料简述如下。

一、虾、螺类

1. 虾

（1）河虾

四川因居内陆，河虾居多，应选壳色光亮，虾身挺硬，首尾完整且能活蹦乱跳的鲜河虾为佳。

加工方法

河虾入清水中稍喂养一下，去净杂质、泥沙，洗净待用。

（2）土龙虾

学名克氏螯虾，是一种淡水虾，前胸有一对坚硬的大螯，因形似龙虾，故称土龙虾。应选体重为30~50克，壳色暗红光亮，首尾完整，虾体坚硬，活动力强，无泥沙，无异味的土龙虾为佳。

加工方法

先用木刷刷净外壳表面，去虾腺、头壳、绒毛、污物，用刀在虾背上轻划一刀，虾腿拍破，洗净待用。

2. 螺

四川田螺居多，应选壳色光亮，个大均匀，肉呈浅黄（白色者稍次），无杂质，无泥沙，无异味的鲜活田螺为佳。

加工方法

田螺入清水中加少许精盐，喂养1~2天，用刷子将螺壳表面刷净，用钳子将田螺顶尖处剪掉，去掉污物，洗净待用。

3. 虾、螺的保管

河虾可放入专用的水族箱中喂养或入冰箱中保鲜，土龙虾应入洁净的竹筐中，倒入少许清水，加盖入冰箱中保鲜。田螺可直接入筐中，置阴凉通风处，或入清水中喂养。无论虾、螺在保管时都应保持容器洁净，经常擦洗，勤检查，如发现有死亡的应立即去掉，死虾、死螺不能食用，否则，会引起中毒或死亡。

二、鱼类

1. 咸水鱼

（1）常用咸水鱼

①带鱼：带鱼又称刀鱼，肉质细嫩，营养丰富。市场上多为冰冻制品，应选色泽光亮，鱼体完整，香气浓郁，个体均匀，无异味，无腐烂，无变质的带鱼为佳，如发现鱼体变红、生虫、返油者表示已变质，不能食用。

初加工方法

粉鳞刮净，去头、尾、鳍，剖腹，去内脏、黑膜洗净。

②墨鱼：应选色泽鲜艳，肉厚皮亮，个体均匀，无稀皮，无异味的墨鱼为佳。

初加工方法

撕去墨鱼表皮薄膜，去骨，洗净待用。

（2）咸水鱼的保管方法

带鱼用食品袋密封后入冰箱中速冻，墨鱼应入清水中加少许食用碱入冰箱中保鲜。

2. 淡水鱼

（1）常用淡水鱼

①鲫鱼

以选鱼眼清亮，鱼鳞鲜艳，个体均匀，鲜活肉肥者为佳，2~4月和8~12月鱼最肥，为最佳食用期。

初加工方法

先入清水中喂养1~2天，去鳞、鳃，剖腹去内脏、黑膜，清洗干净。

②草鱼又称鲩鱼，其肉嫩味鲜，蛋白质含量丰富，应选个体均匀，鲜活光亮的为佳。9~10月肉肥味鲜为最佳食用期。

初加工方法

先入清水中喂养，去其泥腥味，用刀背击其头部至昏，去鳞、鳃，剖腹去内脏、黑膜，洗净待用。

③泥鳅又名鳅鱼，肉味鲜美，营养丰富。应选肉厚皮黄，鲜活光亮的为佳。6~7月肉最肥，为最佳食用期。

加工方法

先入清水中喂养1~2天，去其泥腥味，剪去头部，剖腹去内脏，再用清水冲去血污即可。

④鳝鱼又称黄鳝，肉质细嫩，营养丰富，富含人体所需的多种氨基酸。应选色泽橙黄，腹部灰白，鲜活光亮的为佳。

初加工方法

取一木板用一颗铁钉钉穿，钉尖朝上，捏住鳝鱼中段，将鳝鱼摔昏，头部摁在钉尖上，如需去骨，用一锋利小刀从头部与背脊相连处剖开，剔去骨和内脏，去掉头尾，加少许精盐揉搓后清水冲洗，沥水即可。若需带骨，用一锋利小刀在腹部处从上而下剖开，去内脏，加少许精盐揉搓后，清水冲洗，沥净水。

（2）淡水鱼的保管方法

淡水鱼可入供氧充足的水族箱或水池中，置阴凉通风处喂养，勤换水，保持清洁卫生，勤检查，发现死亡者立即弃之，不得食用。

三、禽、畜类

1. 禽肉类

(1)常用禽肉类

①鸡应选羽毛光亮，鸡冠红润，脚爪光滑，两眼有神，肌体健康的

鸡为佳。卤制品以选用饲养期一年左右，体重约1000克左右的雄油鸡或三黄鸡（嘴黄、脚黄、毛黄）为佳。凉菜制品的可用饲养期为一年或一年以上的仔公鸡或2000克以内的成年公鸡为佳，老公鸡或母鸡因肉质较粗糙，不宜用于凉卤制品。

初加工方法

鸡宰杀,去毛、嘴壳、脚上粗皮、鸡嗉（食包）、硬喉、爪尖,在肛门与腹部之间开一长约6厘米的小口,去内脏,清洗干净即可。

②鸭的出肉率较高，约占鸭体重的2/3，是凉卤菜肴中常用的原料。应选羽毛光亮，喜食好动，嘴角、肛门无分泌物黏液，肌体健壮，皮肤柔软，1000克左右的嫩肥鸭为佳。中秋节前后，鸭体丰满肉肥，为最佳食用期。

鸭的初加工方法同鸡。

（2）禽肉类的保管方法

活禽入专用笼中饲养,已宰杀的禽肉,应用食品袋分类盛装密封,入冰箱内,保持零度左右,可存放3～4天。

2. 畜肉类

（1）常用畜肉类

①猪肉应选皮嫩膘薄,表皮微干,肌肉光亮,富有弹性。以肘子、五花肉等部位为佳。

初加工方法

去净残毛,刮洗干净。

②猪蹄富含胶原蛋白,应选个大均匀,色泽光亮,新鲜无异味,有弹性,无残毛的为佳。前蹄皮厚,筋多胶重,比后蹄质优。

初加工方法

去蹄角、残毛,刮洗干净。

③应选色白有光,黏液丰富,肠体肥厚,无异味的鲜肥肠为佳。

初加工方法

肥肠置盆中，加白矾、精盐、料酒等，反复揉搓至以手触摸不滑为止，去净黏液，然后翻刮肠内污物，反复揉搓至净，再将肥肠翻过来，洗净。

　　④牛肉中黄牛肉为上品, 水牛肉次之, 应选牛肉特有气味浓郁, 色泽鲜艳, 富有弹性, 肉质细嫩的里脊、腿蹄等部位为佳。

　　⑤羊肉中绵羊肉为上, 山羊肉次之, 以选色呈暗红, 肉质细嫩的鲜羊肉为佳。

　　（2）畜肉类的保管方法

　　鲜畜肉应洗净, 晾干表皮水分, 用食品袋分类密封后入冰箱速冻, 可保存一周左右。

四、素菜类

（1）常用素菜

　　①豆筋由黄豆浆经提炼卷裹而成, 应选表皮黄白有光、肉厚, 油润, 无异味, 无虫蛀, 无破碎的为佳。

　　②花仁应选色呈桃红, 质干, 个大, 颗粒均匀, 无杂质, 无霉烂的为佳。

　　③黄瓜应选色泽碧绿, 嫩脆鲜艳的为佳。

　　④青笋应选质脆, 皮薄, 个大均匀的为佳。

　　⑤藕: 藕分白花藕、红花藕、麻花藕三种, 凉菜以白花藕为上, 应选皮细, 质脆, 微甜多汁的为佳。

（2）素菜的保管方法

　　干制品应入干燥、阴凉、通风处存放。豆腐应入清水中加少许精盐浸泡, 青笋、藕等置阴凉通风处竖立, 防止腐烂变质。

火候指在烹制菜肴时所使用火力的强弱和加热时间的长短与原料受热至熟的关系；油温是指烹制菜肴时油入锅后经加热所达到　　　　　的温度。

第四章

火候与油温

火　　候

一、火　候

火候是指在烹制菜肴时，所使用火力的强弱和加热时间的长短与原料受热至熟的关系，是每一个烹饪爱好者必备的基础知识。

二、火力的鉴别

只有学会火力的鉴别，才能熟练掌握火候。

火力种类	火力	火焰	颜色	光度	热量
旺火	强而集中	高而稳定	黄白色	明亮	热气袭人
中火	稍弱于旺火较分散	低时摇晃	红色	较亮	较大
小火	火焰较弱	细小而摇晃	青绿色	暗火	较弱
微火	有火无焰	红而无力	暗红		

三、火候的掌握

由于原料的质地、形状、投料的数量，成品的质感等不同，所使用的火力和时间也不同，只有熟练掌握火候才能烹制出质优味美的菜肴来。

项目	性质	火力	时间
原料类别	老、大、粗、厚	中火或小火	长或较长
	嫩、小、细、薄	旺火或中火	短或较短
投料数量	多	中火或旺火	较长
	少	旺火或中火	较短
成品质感	嫩、脆	旺火或中火	较短
	软、熟	小火或微火	较长

第二节 油 温

一、油温的鉴别

油温是指烹制菜肴时油入锅后经加热所达到的温度。

油温的鉴别

类别	油温成数	温度	烟色	声响	油面
低油温	3~4 成	80~120℃	无烟	搅动无声响	平静
中油温	5~6 成	140~180℃	少量青烟	搅动有微响声	微动
高油温	7~8 成	200~240℃	冒青烟	搅动有炸声响	有波浪状

二、油温的掌握

　　因原料的性质、质地、投料数量的不同，所使用的油温也不同，故需综合分析，灵活掌握，合理调节油温。

种类		油温
火力	旺火	低
	中火	稍高
	小火	高
投料	多	高
	少	低
质地	细、嫩、薄、小	低
	粗、老、厚、大	高

卤制品的调味原料和卤品原料都很多，应视具体情况经分析后进行处理，才能确保卤品的质量。

第五章

川味卤菜制作

原料处理

　　卤制品的调味原料和卤品原料都很多，应视具体情况经分析后进行处理，才能确保卤品的质量。

一、初加工

1. 调味原料初加工

　　八角、肉桂掰成小块，草果拍破去籽，豆蔻、砂仁拍破，白芷切碎，葱去黄叶、老叶，洗净，老姜洗净，干辣椒去蒂剪成2厘米长的节，并去掉大部分籽，干花椒去枝蒂。

2. 卤品原料加工

　　根据具体情况进行加工，如洗涤、浸泡、分档、刀工处理，猪蹄去残毛，用刀锤去蹄角洗净。肥肠切除肛门后入盆，放精盐、料酒、食用白矾，反复揉搓，直至以手触摸不滑为止，去净黏液、杂质，将肥肠由里向外翻出，去净污物，加料酒反复揉搓，再将肥肠翻过来洗净。猪肚去净油筋和污物，加食用白矾、精盐、料酒反复揉搓，清洗，直至猪肚发白，入六七十度的热水锅中稍烫，捞出，刮去肚脐处白膜及残余胃液，清洗干净。花仁等干货原料应选净后加清水浸泡涨发。形整体大的原料，如牛、羊肉应分割成250克左右的小块，总之应根据具体情况进行正确的初加工。

二、浸漂

1. 香料浸漂

有些香料应用清水浸漂，以去其杂质，去异味，回软，以利出味。浸漂时间夏天5~8小时，冬天8~12小时。

2. 卤品原料的浸漂

形整体大的原料，如鸡、鸭、猪蹄等卤品原料应入清水中浸漂，使其去掉血污和腥膻味，确保卤品色泽和风味，浸漂时间夏天大约1~2小时，冬天3~5小时。血腥味重的原料应多换几次清水。腥膻味重的原料应与鲜味足的原料分开浸漂，如鸡鸭不宜与牛、羊肉一同浸漂，以免串味。

三、码味

形整体大的原料如鸡、鸭、羊、牛、兔肉等卤品原料，浸漂后还应码味，其方法为：取一盛器，将原料放入盛器中，加精盐（每500克生料用精盐10~20克）与干花椒、料酒、葱节、五香粉（八角、肉桂、山奈等磨成粉）充分搅拌均匀。码味的时间夏天大约3~5小时，冬天8~12小时。通过码味既可使原料因精盐渗透入体内，使卤品既有基本味，又能通过料酒、花椒、五香粉的作用，去掉腥臊异味和增加香鲜味。

四、汆水

1. 调味原料的汆水

香料、干辣椒节应入清水锅中汆一水，去其不良色素和异味。

2. 卤品原料的汆水

许多原料有它特殊的气味，如肥肠的腥膻味，兔的土腥味，牛肉的血腥味，都需初加工后再浸漂、码味，入锅中汆一水，既可去其异味，又利于原料的定型。汆水的方法为：腥膻味重的原料如牛、羊肉、肥肠、猪肚等，应与冷水同时下锅，置旺火上，上下翻动，使其受热均匀，烧沸，待一定程度时捞出，清水冲洗，沥净水。如果这些原料在水沸后下锅，因其表面骤然遇到高温而收缩，其内部的血污和异味就不易排除。色泽鲜艳、味鲜脆嫩的原料如鹅肠应待水沸后放入原料，此时应水宽、火旺、快速捞出，清水冲洗，沥净水，以保持鲜脆。鸡、鸭等腥膻味小，血污少的原料也在浸漂、码味后入沸水锅中上下翻动，待紧皮后捞出，清水冲洗，沥净水。

川味卤水调制

一、鲜汤和糖色制作

1. 鲜汤（以直径50厘米、高度50厘米，俗称50汤桶一桶为例）

原料配方

主料：猪棒骨10千克

辅料：鸡架骨2000克　　　鸭架骨2000克

调助料：老姜1000克　　　大葱1000克　　　料酒500克
　　　　白胡椒5克

制作工艺

（1）猪棒骨洗净敲破，鸡架骨、鸭架骨洗净，老姜拍破，大葱挽结。

（2）猪棒骨、鸡架骨、鸭架骨入沸水锅中汆一水，清水冲洗，沥净水。

（3）猪棒骨、鸡架骨、鸭架骨入汤锅中，注入清水，投入料酒、老姜、大葱，置旺火上烧沸，撇净浮沫，放入胡椒，改用小火熬至鲜香四溢时即可。

（1）原料必须新鲜，无异味。

（2）熬汤时，应用小火。旺火熬制为浓汤，小火熬制为清汤。

（3）汤锅内清水不宜注得太满，以免溢锅。

2. 糖色

原料配方

主要调味原料：冰糖1000克

辅助调味原料：色拉油50克　　　　鲜汤2500克

制作工艺

（1）冰糖敲碎成粉末。

（2）炒锅置中火上，放入色拉油和冰糖，用炒勺不停翻炒，待糖被炒化，由白变黄，改用小火炒至满锅起泡时，端离火口，速炒片刻，再入火上待由黄变成深红色，大泡变鱼眼泡时，掺入鲜汤，迅速推匀，再用小火炒至煳味消失后起锅入盛器中，糖色即已制成。

特点糖色无毒无害，用于增色，不受环境酸性和碱性的影响，色泽稳定，不易变色。

工艺关键

（1）糖色嫩，味发甜。炒焦，味苦涩。以糖满锅起泡，大泡变成鱼眼泡，色泽转为深红色时，立即掺入鲜汤为佳。

（2）掺入鲜汤后，应快速推匀，以免糖色出现炸响伤人，因油的比重轻，水的比重重，水和油不充分搅匀，易出现炸响声。

二、川味卤水分类和卤水调制要领

1. 卤水分类

卤是将经过处理后的烹饪原料放入由调料、汤汁等对成的卤水中，先用旺火或中火烧沸，再用中火或小火加热至熟，使之上色入味的一种烹调方法。制作卤品的卤水又称卤水、老卤等。卤水分红卤和白卤两大类，红卤是在卤水中加入上色的调料，成菜色泽红亮，鲜香味浓，回味悠长。如卤肥肠、卤鸡翅等。白卤是卤水中不加上色的调料，成菜保持原料的本色，清鲜香醇，咸鲜味美。如白卤鸡、五香花仁等。因各地口味，饮食习俗的不同，形成了如油卤、辣卤、豆瓣味卤水、腊卤等具有浓厚地方特色的卤水，统称特色卤水。

2. 卤水调制要领

卤水调制应根据卤制品的品质、数量、体积大小、香料质量的差异、卤制器具大小等多种因素而变化。一般来讲，鲜味足的原料应多使用促鲜增香的调料，腥膻味浓的原料应多使用压腥、压膻、去异、增香、促鲜的调料。香料袋应扎得略有松动，以利出味。卤时间长、容易上色的原料，用于上色的调料（如糖色）宜少，卤时间短、不易上色的原料糖色宜稍多，卤凤爪就比卤肥肠所用的糖色要多，糖色的用量以卤制品在卤水中色呈淡红色时为度，卤品捞出凉后色泽会加深；卤品数量多，其调料用量就比卤品数量少的比例稍轻，如一次性卤5000克原料，其调料用量就不能以一次卤1000克原料的调料用量的5倍来计算；卤制器具大小也与卤水调料的用量有关。如卤5000克猪蹄，选用直径为50厘米的汤锅，其调料用量就比选用直径为30厘米的汤锅其用量要稍多；卤品原料体积大小不同其调料用量也应不同，如卤10千克肥鸭，其调料用量就比卤10千克鸭舌的用量稍多；所在区域的不同，人们对咸味、麻味、辣味等的接受程度也不同，其调料用量也有差异；老卤水的香料比新卤水的香料使用量要少；卤水中忌加酱油，酱油在卤水中时间稍长，经氧化后会使卤品色泽黑褐。总之，应具体分析、灵活掌握。

三、川味常用卤水配方

1. 红卤

卤水配方（以卤制20千克卤品原料为例）

主要调味原料

八角100克	肉桂35克	草果25克	山奈30克
丁香5克	豆蔻10克	月桂叶100克	肉豆蔻5克

小茴15克　　　砂仁50克　　　白芷10克

辅助调味原料

大葱2000克　　老姜1500克　　胡椒粉30克　　精盐适量

料酒1000克　　糖色适量　　　鸡精20克　　　味精10克

冰糖100克　　　鲜汤适量

制作工艺

（1）老姜拍破，大葱挽结，八角、肉桂掰成小块，草果去籽，豆蔻、肉豆蔻、砂仁拍破，白芷、八角、肉桂、草果、山柰、丁香、豆蔻、月桂叶、小茴、砂仁、白芷、肉豆蔻入清水中浸泡，夏天5～8小时，冬天8～12小时，入清水锅中汆一水捞出，清水冲洗，沥净水，用两个香料袋均匀分装。

（2）取一洁净卤水锅，放入洗净的竹篾笆，投入香料袋、大葱、老姜、胡椒粉、冰糖、料酒，掺入鲜汤，旺火烧沸，撇净浮沫，改用小火熬至香气四溢时，放入精盐、糖色稍熬，下应卤的原料，调入鸡精、味精，旺火烧沸，撇净浮沫，改用中火或小火卤至原料刚成熟或熟软（视原料质地老嫩灵活掌握）时，将卤水锅端离火口，待卤品原料在卤水中浸泡10～20分钟后，捞出卤制品，新红卤水即已制成。

工艺关键

（1）鲜汤应掺至淹没卤品原料为佳。

（2）精盐用量以卤水稍咸为度，以利卤品入味。

2. 白卤

卤水配方（以卤制20千克卤品原料为例）

主要调味原料

八角50克	草果10克	肉桂20克	豆蔻5克
肉豆蔻15克	砂仁25克	白芷5克	甘草5克
丁香10克	山柰25克	小茴10克	月桂叶50克

辅助调味原料

色拉油500克	猪化油1500克	姜片1000克
老姜1000克	大葱500克	葱节1000克

蒜瓣1000克	洋葱块500克	胡椒粉20克
精盐适量	干辣椒节30克	干花椒5克
料酒1000克	鸡精20克	味精10克
冰糖200克	鲜汤适量	

制作工艺

（1）老姜拍破，大葱挽结，花椒焙香，八角、肉桂掰成小块，甘草、白芷切碎，草果去籽，豆蔻、砂仁拍破，八角、肉桂、草果、豆蔻、肉豆蔻、砂仁、甘草、白芷、丁香、山柰、小茴、月桂叶入清水中浸泡，夏天5~8小时，冬天8~12小时，捞出与干辣椒节一同入清水锅中余一水，清水冲洗，沥净水，与花椒拌匀，用两个香料袋分装。

（2）取一洁净卤锅，放入洗净的竹箅笆。

（3）炒锅置中火上，加色拉油、猪化油，烧至四成热，下葱节、姜片、蒜瓣、洋葱块炒香，入卤锅中，投入香料袋、老姜、大葱、胡椒粉、冰糖、料酒，掺入鲜汤，旺火烧沸，小火熬至香气四溢时，下精盐、应卤的原料，调入鸡精、味精，旺火烧沸，撇净浮沫，改用中火或小火卤至卤品成熟或熟软时，汤桶移离火口，待卤品在卤锅中浸泡10~20分钟后，捞出卤品，新白卤卤水即已制成。

工艺关键

（1）新卤水（第一锅卤水）需用色拉油、猪化油将葱节、姜片、蒜瓣、洋葱块炒香，以增强卤品的香鲜味，以后的卤水可视情况而定，详见本书卤水保养一节。

（2）白卤以清鲜咸香为特点，影响卤水色泽的调料如小茴等宜少用或不用，香料的用量比红卤应少。

3. 辣味卤水（简称辣卤）

卤水配方（以卤制20千克卤品原料为例）

主要调味原料

干辣椒节1000克	八角200克	肉桂100克
肉豆蔻5克	草果20克	豆蔻10克
砂仁30克	丁香10克	山柰30克

小茴15克	月桂叶50克	

辅助调味原料

色拉油1000克	猪化油500克	干花椒20克
老姜500克	姜片300克	大葱1000克
葱节500克	蒜瓣150克	洋葱块300克
胡椒粉30克	精盐适量	糖色适量
料酒1000克	鸡精20克	味精10克
冰糖150克	鲜汤适量	

制作工艺

（1）炒锅置小火上，加50克色拉油烧热，下干辣椒节，微火炒至辣香椒干，干花椒用微火焙香，老姜拍破，大葱挽结。八角、肉桂掰成小块，草果去籽，豆蔻、肉豆蔻、砂仁拍破，八角、肉桂、草果、豆蔻、肉豆蔻、砂仁、丁香、山奈、小茴、月桂叶用清水清洗，沥水。

（2）炒锅置中火上，加色拉油、猪化油，烧至3成热，下豆蔻，小火炒酥，放入八角、肉桂、山奈、丁香、肉豆蔻、砂仁、草果炒香，加葱节、姜片、蒜瓣、洋葱块，小火炒至蒜瓣呈金黄色时，投入小茴、月桂叶，炒至香气四溢时放入干辣椒、花椒拌匀，用两个香料袋分装（油入盛器中）。

（3）取一洁净卤锅，放入洗净的竹篾笆，投入香料（包括油）、老姜、大葱、胡椒粉、冰糖、料酒，掺入鲜汤，旺火烧沸，小火加热至香气四溢时，调入精盐、糖色稍熬，投入应卤的原料，下鸡精、味精、中火烧沸，撇净浮沫，改用小火卤至原料成熟或熟软时，卤锅移离火口，待卤品在卤水中浸泡10~20分钟后，捞出卤品，新辣味卤水即已制成。

特点

色泽红艳，辣香浓郁，香鲜入味。

工艺关键

（1）辣卤也可不加糖色，制成白味辣卤。

（2）香料不能一同清洗，因有些香料先下锅，有的后下锅，应分别清洗。

（3）辣味卤水另一做法为：香料可以不炒，将香料浸泡5~12小时后余水，与干辣椒节、花椒拌匀，入香料袋中，其余制法相同。

4. 油卤

卤水配方（以卤制20千克卤品原料为例）

主要调味原料

| 干辣椒节3000克 | 干花椒500克 |

辅助调味原料

八角150克	草果15克	肉桂30克
豆蔻15克	肉豆蔻20克	砂仁25克
丁香15克	山柰30克	小茴15克
月桂叶50克	老姜500克	大葱1000克
姜片100克	蒜瓣200克	洋葱块500克
葱节500克	精盐适量	料酒1000克
胡椒粉30克	糖色适量	鸡精20克
米酒100克	冰糖200克	色拉油5000克
味精10克	熟菜油10000克	鲜汤适量

制作工艺

（1）取1000克干辣椒节入沸水锅中煮约2分钟后捞出，清水冲洗，沥净水，剁成茸，即成糍粑辣椒。余下的干辣椒节加100克熟菜油，微火炒香，干花椒微火焙酥，老姜拍破，大葱挽结，八角、肉桂掰成小块，肉豆蔻、豆蔻、砂仁拍破，草果去籽，将八角、肉桂、草果、肉豆蔻、豆蔻、砂仁、丁香、山柰、小茴、月桂叶用清水分别清洗，去其泥沙杂质，沥净水。

（2）大铁锅置中火上，加色拉油4000克，熟菜油9000克，油温升至三四成热，下豆蔻、小茴，小火炒至豆蔻酥脆，下草果、八角、肉桂、肉豆蔻、砂仁、丁香、山柰至香气四溢时下糍粑辣椒，用铁铲不停铲动，炒至色红油亮、辣香味浓时，下冰糖、月桂叶炒香，烹入米酒，炒至米酒水分完全蒸发时，下花椒拌匀，端离火口，入盛器中，凉后加盖，静置12～24小时，用丝漏过滤，料渣用两个香料袋分装，油用盆盛装。

（3）取一卤锅放入洗净的竹篾笆。

（4）炒锅置中火上，加余下的色拉油和熟菜油，加热，待油温升至四五成热时，下姜片、葱节、洋葱块、蒜瓣，炒香入卤水锅中，投入香料袋和过滤后的油、糖色、料酒、老姜、大葱、干辣椒节，掺入鲜汤，调入胡椒粉，旺火烧沸，改用小火熬至香气四溢时，放入精盐、糖色稍熬，下卤品原料、鸡精、味精，旺火烧沸，撇净浮沫，改用中火或小火卤至卤品成熟或熟软时，卤锅移离火口，待卤品在卤水中浸泡5~20分钟，捞出卤品，新油卤卤水即已制成。

特点

色红油润，麻辣味鲜，香气浓郁，回味悠长。

工艺关键

（1）如卤制鹅肠、鸡胗、鸡杂等嫩脆原料时，宜现卤现卖，以保证其嫩脆。

（2）投入糍粑辣椒、姜片、葱节、洋葱块、蒜瓣、香料等入油锅中时，宜慢慢下，以防溢锅。

（3）油卤卤水的鲜汤宜占卤水总重量的三分之一，以油为主，以保证卤水质量。

（4）油卤卤水，因糍粑辣椒和油会增加卤品色泽，故糖色宜少。

5. 豆瓣味卤水

卤水配方（以卤制20千克卤品原料为例）

主要调味原料

郫县豆瓣2000克	干辣椒节1500克	干花椒300克

辅助调味原料

姜片300克	葱颗200克	蒜米100克
洋葱颗300克	八角100克	肉桂30克
山柰30克	草果20克	丁香3克
砂仁20克	肉豆蔻10克	豆蔻10克
白芷10克	小茴10克	月桂叶30克

料酒1000克　　　　精盐适量　　　　　米酒100克

糖色少许　　　　　胡椒粉20克　　　　冰糖150克

鸡精20克　　　　　味精5克　　　　　鲜汤适量

色拉油3000克　　　熟菜油2000克

制作工艺

（1）郫县豆瓣稍剁，八角、肉桂掰成小块、草果去籽、白芷切碎，砂仁、肉豆蔻、豆蔻拍破，将八角、肉桂、山奈、草果、丁香、砂仁、肉豆蔻、豆蔻、白芷、小茴、月桂叶、用清水分别清洗，沥净水。干辣椒节加200克熟菜油用小火炒至辣香椒干，干花椒用微火焙酥。

（2）大铁锅置中火上，加色拉油、熟菜油，油温升至三四成热，下姜片、蒜米、洋葱颗、葱颗，炒至蒜呈淡黄色时，放入豆瓣酱，炒至豆瓣水汽快干，辣椒微微发白时，下豆蔻、草果、八角、山奈、丁香、白芷、肉豆蔻、砂仁、肉桂，炒至豆瓣酥香时放入小茴、月桂叶，小火炒香，烹入米酒，小火炒至米酒水分完全蒸发时加花椒拌匀，起锅入盛器中，凉后加盖，12~24小时后用两个香料袋分装，此时有油渗出，用盛器盛装。

（3）取一卤锅，放入洗净的竹篾笆，投入香料袋和油、干辣椒节、冰糖、胡椒粉、料酒，掺入鲜汤，旺火烧沸，改用小火熬至香气浓郁时放入精盐、糖色、鸡精、味精、应卤的原料，旺火烧沸，撇净浮沫，改用中火或小火卤至卤品成熟或熟软，卤锅移离火口，待卤品在卤水中浸泡10~20分钟后，捞出卤品，新豆瓣味卤水即已制成。

特点

色泽红亮，咸鲜微辣，回味香醇。

工艺关键

（1）下姜片、蒜米、洋葱颗、葱颗、豆瓣酱、香料等入油锅时，应慢慢下，以防溢锅。

（2）豆瓣、香料需炒香，否则卤水香味和回味不浓。因豆瓣酱有增色的作用，糖色宜少，以免卤品发黑。

6. 腊味卤水（简称腊卤）

卤水配方（以卤制20千克卤品原料为例）

主要调味原料

八角100克	肉桂30克	丁香10克	草果20克
白芷10克	山奈25克	月桂叶50克	豆蔻10克
肉豆蔻10克	砂仁20克	小茴5克	

辅助调味原料

老姜1000克	大葱500克	洋葱块150克
胡椒粉30克	精盐适量	干辣椒节30克
干花椒15克	料酒1000克	鸡精20克
味精5克	冰糖30克	腊味原汁适量

制作工艺

（1）干花椒用小火焙香，老姜拍破，大葱挽结，八角、肉桂瓣成小块，草果去籽，豆蔻、肉豆蔻、砂仁拍破，白芷，八角、肉桂、丁香、草果、白芷、山奈、小茴、月桂叶、豆蔻、肉豆蔻、砂仁入清水中浸泡，夏天5～8小时，冬天8～12小时，捞出与干辣椒节一同入清水中氽一水，清水冲洗，沥净水与花椒拌匀，用两个香料袋分装。

（2）取一卤锅，放入洗净的竹篾笆，投入香料袋、老姜、大葱、洋葱块、胡椒粉、料酒、冰糖，掺入腊味原汁，置火上，熬至香气四溢时调入精盐、鸡精、味精、应卤的原料，旺火烧沸，撇净浮沫，改用中火或小火卤至原料成熟或熟软时，卤锅移离火口，待卤品在卤水中浸泡10～20分钟后，捞出卤品原料，新腊味卤水即已制成。

特点

腊香浓郁，咸鲜味美，风味别致。

工艺关键

（1）腊味原汁是指将腊鸡、腊肉煮熟后所余留下的原味汤汁。

（2）腊味原汁有咸味，注意精盐用量。

第三节
川味卤水使用和卤品食用方法

一、川味卤水使用

1. 卤锅选择

卤制和盛装卤水的器皿宜选用陶器、搪瓷制品，其传热稳定，保温持久，也不容易与卤水产生化学反应。铝、铁、不锈钢制品与卤水中的一些成分易产生化学反应，且传热、保温性能较差。

2. 卤水使用

老卤水比新卤水质优，卤的次数越多，时间越长，鲜味越醇，香味越浓，质量越好。新卤水制成后，应常卤鲜香味浓的原料，如鸡、鸭、猪肉排等，以增加卤水的鲜香味。新卤水最少应卤制三次后的卤品才能用于销售，以保证卤品的质量。鲜味足的原料应与异味重的原料分别使用卤水，如肥肠、牛、羊肉不宜与猪肉、鸡、鸭一同卤制，卤鸡蛋、卤豆干等易坏卤水的原料也应备有专用卤水。白卤以保持原料独有本色风味为特色，故卤水以卤制专用原料为准，不宜混用卤水。每次使用卤水前，应对卤水的色、香、味进行仔细检查，如色泽过浅应添加糖色。香味不够，就应更换香料袋，但香料袋不能两个同时换，应一次换一个，保持香料味的均衡，以免香料味过浓。卤水的精盐用量，应掌握准确，用量过多，不仅口味变咸，而且还会使肥肠、猪肚等原料收缩、干瘪，精盐用量过少，卤品会淡而无味。卤水的汤汁应淹没原料，使卤品原料全部浸没在卤水中，这样才能使卤品受热和入味均匀。常卤鸡、鸭、肉排等原料会使卤锅中卤油增多，卤水散热时间较长，卤水易发酸，而卤油过少则卤水香味不浓，（白卤、红卤、辣卤、腊卤，卤油宜少，豆瓣味卤水、油卤的卤油宜多），应边卤边舀出一部分卤油，并用洁净毛巾擦去周边污迹，以免污染卤品，影响色泽。

3. 卤制火候

卤品以熟软适度，成形美观为佳，一般情况下，先用旺火将卤水烧沸，进行调味，下卤品原料，中火烧沸，撇净浮沫，改用中火或小火卤至原料成熟或熟软，检查卤品是否成熟，用竹签在肉厚处戳一下，如无血水冒出，便已成熟，质老的原料如牛肉、猪蹄以能离骨、撕下肉来为度。为使卤品受热均匀，卤制时需上下翻动三四次，以免出现下面已熟烂而上面还没熟的现象。

4. 勿加盖

在制作卤水、卤制菜品、浸泡卤品时，不宜加盖，以免卤水中药味增浓，色泽变深，如加盖，卤水烧沸后还会使卤锅周围产生浮沫，污染卤品，影响色泽，卤水也易溢出，出现事故。

5. 卤水保管

为保持卤水质量，不产生变质现象，每天卤水使用后应撇净浮沫和过多的浮油，用纱布将骨渣、葱、姜等杂质滤去，倒入洁净的卤水桶内，香料袋用清水冲洗，去掉黏附在袋上的骨渣等杂质（只洗袋表面，勿将香料袋内的香料倒出来清洗）。香料袋入卤水桶中，中火烧沸，撇净浮沫，舀入少许烧沸的卤水入洁净的瓦缸中，将瓦缸稍烫一下，再将此卤水入卤水桶中烧沸。天气暑热，卤水应沸后继续烧15分钟左右，气温凉爽，沸后继续烧10分钟左右，以便将香料袋内的香料烫透，早晚各烧沸一次后入瓦缸中，如当天没有使用也须早晚各烧沸一次。卤水烧沸后入瓦缸中（瓦缸底部用砖块或木条垫底，以利通风散热），置于干燥、阴凉、低温、通风、洁净的地方，避免高温，勿搅动，忌沾生水、油污，待卤水冷却后加纱罩。如果卤水有热气时加盖，盖上的水蒸气冷却后会滴入卤水中，使卤水发酸。

卤水使用一段时间后，会产生浑浊现象，此时应用鲜净猪瘦肉（大约10千克卤水用500克猪肉）捶成茸，加清水搅散后放入卤水中烧沸，再滤去肉茸，进行清理，红卤卤水清理后清澈明亮，白卤卤水透明光亮。

二、卤品食用方法

1. 成形后食用

卤品切成薄片、条、丝、块等形状后入盘，即可食用。

2. 拌后食用

卤品经切成片、条、块、丝等形状后，淋入少许卤水、味精、香油后调匀即可，或将卤品刀工成形后撒上辣椒粉、花椒粉后即可，也可将卤品经刀工处理后加红油、蒜泥、熟芝麻、香葱花等调料拌匀即可。

3. 油烫、油炸

卤品中有些原料如鸭、鸭唇等，可放入三四成或五六成热的油锅中，油烫或油炸至皮酥脆，捞出，沥净油，稍凉后经刀工处理后入盘即可。油烫和油炸时，不宜一次性投料太多，以免溢锅。

4. 炒制

有些卤品原料，也可炒制后入盘食用。制作方法为：先将卤品经刀工处理，炒锅置中火上，下辣椒油，待油温升至三四成热时，下花椒、卤制品炒香，投入干辣椒节炒至香气四溢，放入鸡精、味精即可。如香辣凤爪、香辣兔头等。

重点介绍四川传统凉卤菜肴、大众菜肴、创新佳肴的配方和制作技术。以便广大读者掌握川味凉卤的制作技术。

第六章

川味卤菜、凉菜菜肴实例

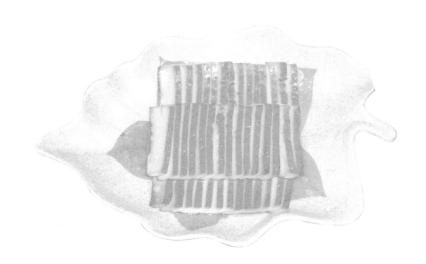

川味卤菜菜肴实例

五香卤鸭 ⇒

特点 色泽红润，香气浓郁，皮香肉鲜。

味型 五香味 ⇒ 卤水类型 红卤卤水…

卤品原料

嫩肥鸭10只（约10千克）

码味原料配方

姜片150克	葱节200克	精盐300克	干花椒3克
五香粉5克	料酒1000克		

卤水配方

老姜500克	大葱1000克	八角50克	肉桂15克
山奈20克	草果10克	白芷5克	丁香5克
豆蔻5克	月桂叶20克	砂仁25克	甘草5克
小茴10克	肉豆蔻8克	冰糖50克	味精10克
胡椒粉20克	精盐适量	鸡精20克	鲜汤适量
料酒1000克	糖色适量		

风味添加原料

色拉油5000克	熟辣椒面50克	花椒粉30克	熟芝麻粉10克
味精5克			

制作工艺

（1）初加工

肥鸭宰杀去毛，撕去嘴壳、脚上粗皮，从肛门至腹部之间开一约6～8厘米长的小口,取出内脏,去掉鸭嗉、气管、食管、爪尖清洗干净。

（2）浸漂

肥鸭入清水中浸漂，夏天浸漂1～2小时，冬天浸漂3～5小时，中途换水三四次，捞出沥净水。

（3）码味

精盐、花椒、五香粉、葱节、姜片、料酒和匀，在鸭身表面和鸭肚、嘴内，抹匀擦透，加盖置洁净阴凉处进行码味，夏天码味3～5小时，冬天码味8～12小时，为使入味均匀，中途上下翻动3～4次。

（4）水

肥鸭入沸水锅中余至紧皮，捞出，清水冲洗，沥净水。

（5）卤品制作

①老姜拍破，大葱挽结，干花椒用微火焙香，八角、肉桂掰成小块，草果去籽，白芷、甘草切碎，豆蔻、砂仁、肉豆蔻拍破，八角、山奈、肉桂、丁香、月桂叶、豆蔻、肉豆蔻、甘草、砂仁、小茴、白芷、草果入清水中浸泡，夏天浸泡5～8小时，冬天浸泡8～12小时，捞出，入清水锅中余一水，清水冲洗，沥净水，与花椒拌匀，用两个香料袋分装。

②取一卤水桶，放入洗净的竹篾笆，投入香料袋、老姜、大葱、胡椒粉、料酒、冰糖，掺入鲜汤，旺火烧沸，改用小火熬至香气四溢时调入精盐、糖色、鸡精、味精稍熬，放入肥鸭、中火烧沸，撇净浮沫，改用小火卤至鸭肉熟软，卤水桶移离火口，待肥鸭在卤水中浸泡20分钟后，捞出，肥鸭鸭肚朝下，沥净卤水，晾干表皮水分。

③锅置中火上烧热，加色拉油，待油温升至三四成热时，放入卤鸭，不停翻转，小火炸至卤鸭皮酥色红时捞出，沥净油，逐一放于盘中，五香卤鸭即已制成。

食用方法

（1）五香卤鸭斩成4～5厘米长、1.5～2厘米宽的块，整齐入盘。

（2）熟辣椒粉、花椒面、熟芝麻粉、味精调匀入碟，五香卤鸭斩成块，蘸碟而食。

工艺关键	⊛ 肥鸭残毛、内脏需去净。
	⊛ 卤水精盐用量以卤水稍偏咸为度，以利入味。
	⊛ 制卤鸭时，锅先烧热后再放色拉油，冷锅下油，卤鸭炸制时易沉底粘锅。卤鸭入油锅时应慢慢下，以防溢锅。
	⊛ 熟辣椒粉为干辣椒节加少许熟菜油，微火焙酥，粉碎即成。

川香豆瓣鸭

味型 **家常味** ▷▷▷ 卤水类型 **豆瓣味卤水**

特点 色泽红亮，皮香肉嫩，咸鲜微辣。

卤品原料

土肥鸭10只（约15千克）

码味原料配方

葱节500克	姜片150克	精盐 3 00克	干花椒5克
五香粉5克	料酒1000克		

卤水配方

郫县豆瓣1500克	干辣椒节500克	干花椒100克	八角80克
肉桂 2 0克	山柰20克	草果20克	丁香8克
砂仁20克	肉豆蔻10克	豆蔻10克	白芷5克
小茴10克	月桂叶20克	洋葱颗200克	蒜米100克
葱颗200克	姜片150克	糖色少许	精盐适量
米酒100克	料酒500克	鸡精15克	味精5克
胡椒粉10克	冰糖50克	色拉油2500克	鲜汤适量
熟菜油1500克			

制作工艺

（1）初加工

土肥鸭宰杀、去嘴壳、脚上粗皮，在肛门至腹部之间开一约6～8

厘米长的小口，取出内脏，去掉鸭嗉、气管、食管、爪尖，清洗干净。

（2）浸漂

肥鸭入清水中浸漂，夏天浸漂1～2小时，冬天浸漂3～5小时，中途换水两三次，捞出沥净水。

（3）码味

码味原料和匀在鸭身表面、鸭肚、嘴内，抹匀擦透，加盖置阴凉、通风、无污染处，夏天码味3～5小时，冬天码味8～12小时，中途上下翻动三四次。

（4）汆水

土肥鸭入沸水锅中汆至紧皮，捞出，清水冲洗，沥净水。

（5）卤品制作

①郫县豆瓣稍剁碎，八角、肉桂掰成小块，草果去籽，白芷切碎，干辣椒节用少许熟菜油微火炒至椒干辣香，花椒用微火焙至酥脆，八角、肉桂、豆蔻、砂仁、白芷、草果、小茴、月桂叶、山奈、丁香、肉豆蔻用清水分别冲洗，沥净水。

②炒锅置中火上烧热，放入色拉油、熟菜油，待油温升至三四成热时，下葱颗、姜片、洋葱颗、蒜米，炒至蒜米呈淡黄色时放入豆瓣酱，中火炒至豆瓣水汽快干，辣椒微微发白时下豆蔻、草果、八角、山奈、丁香、白芷、砂仁、肉豆蔻、肉桂、小火炒至豆瓣酥香时放入小茴、月桂叶，炒至香气四溢时烹入米酒。小火炒至米酒水分完全蒸发时加花椒拌匀，入盛器中，凉后加盖，12～24小时后用两个香料袋分装，此时有油渗出，用盆盛装。

③取一卤水桶，放入洗净的竹篾笆，投入香料袋和油，掺入鲜汤，调入胡椒粉、料酒、冰糖，放入干辣椒节，旺火烧沸，改用小火熬至香气四溢时调入精盐、糖色、鸡精、味精稍熬，放入土肥鸭，中火烧沸，撇净浮沫，改用小火卤至鸭肉熟软。卤水桶移离火口，待卤鸭在卤水中浸泡20分钟后，捞出沥净卤水。

④卤鸭入烘箱中，烘约5分钟，川香豆瓣鸭即已制成。

食用方法

　　川香豆瓣鸭剁成4～5厘米长，1.5～2厘米宽的块，整齐入盘，即可食用。

> **工艺关键**
> ❀ 下葱颗、洋葱颗、蒜米、姜片、豆瓣酱、香料时应慢慢下，以防溢锅。
> ❀ 糖色宜少，因豆瓣酱具有增色的作用。
> ❀ 卤鸭的熟软程度以竹筷能从鸭腿中戳入为度。

川南甜皮鸭 ⇨

味型 咸甜味 ⇨ **卤水类型** 白卤**卤水**⋯

特点 色泽金红，鲜香回甜，皮酥肉鲜，风味独特。

卤品原料

　　肥鸭10只（约15千克）

码味原料配方

葱节500克	姜片300克	精盐300克	干花椒3克
五香粉3克	料酒1000克		

卤水配方

姜片300克	老姜500克	葱节500克	大葱1000克
蒜瓣100克	洋葱块500克	八角80克	肉桂30克
草果10克	砂仁20克	豆蔻5克	肉豆蔻5克
白芷5克	丁香3克	山奈20克	甘草5克
小茴5克	月桂叶50克	胡椒粉10克	精盐适量
干辣椒节20克	干花椒3克	料酒1000克	冰糖20克
鸡精15克	味精10克	鲜汤适量	色拉油300克

猪化油1000克

风味添加原料

色拉油5000克　饴糖500克

制作工艺

(1) 初加工

肥鸭宰杀去毛、去嘴壳、去脚上粗皮，剖腹去内脏、去鸭嗉、气管、食管、爪尖清洗干净。

(2) 浸漂

嫩肥鸭入盆，掺入清水，淹没鸭身，进行浸漂。夏天浸漂1~2小时，冬天浸漂3~5小时，中途换水三四次，捞出沥净水。

(3) 码味

码味原料和匀，在鸭身表面、鸭肚、嘴内、抹匀擦透，夏天码味3~5小时，冬天码味8~12小时，中途上下翻动三四次。

(4) 汆水

肥鸭入沸水锅中汆一水，捞出，清水冲洗，沥净水。

(5) 卤品制作

①老姜拍破，大葱挽节，花椒焙香，八角、肉桂掰成小块，甘草、白芷切碎，砂仁、豆蔻、肉豆蔻拍破，草果去籽，八角、肉桂、山奈、丁香、白芷、肉豆蔻、豆蔻、砂仁、草果、月桂叶、小茴、甘草入清水中浸泡，夏天浸泡5~8小时，冬天浸泡8~12小时，捞出，与干辣椒节一同入清水锅中汆一水，清水冲洗，沥净水，与花椒拌匀，用两个香料袋分装。

②取一卤水桶，放入洗净的竹篦笆。

③炒锅置中火上烧热，加色拉油、猪化油，油温升至四五成热时，下葱节、姜片、洋葱块、蒜瓣，炒至香气四溢时入卤水桶中，掺入鲜汤，放入香料袋、老姜、大葱、料酒、胡椒粉、冰糖、精盐烧沸，改用小火熬至香气四溢时投入肥鸭、鸡精、味精，中火烧沸，撇净浮沫。小火卤至竹筷能从鸭腿中戳入时，卤水桶移离火口，待肥鸭在卤水中浸泡15~20分钟后捞出，沥净卤水。

④饴糖加500克沸水搅匀，使其融化，用木刷蘸上饴糖水，均匀刷在鸭身表面，晾凉。

⑤炒锅置中火上烧热，加色拉油，升至三四成热时下卤鸭逐一炸至鸭皮酥脆时，捞出，沥净油，川南甜皮鸭即已制成。

食用方法

甜皮鸭剁成块，整齐入盘，即可。

工艺关键

❋ 下葱节、洋葱块、蒜瓣、姜片时应慢慢下，以防溢锅。

❋ 在鸭身表面刷饴糖时，卤鸭需趁热刷匀，如卤鸭已凉，需加热后再刷。

❋ 刷饴糖后需待鸭身表面水分吹干后再行入锅炸制。

缠丝鸭脯

味型 家常味 ▷▶▷ **卤水类型** 红卤**卤水**

特点 咸鲜微辣，味醇肉香，回味悠长。

卤品原料

鲜鸭脯肉5000克

码味原料配方

葱节300克	姜片200克	精盐50克	料酒200克
五香粉1克			

卤水配方

老姜500克	大葱300克	八角30克	肉桂15克
草果10克	山奈10克	砂仁15克	丁香3克
豆蔻5克	干草3克	月桂叶15克	小茴2克
胡椒粉10克	精盐适量	冰糖20克	糖色适量
料酒500克	鸡精15克	味精5克	鲜汤适量

风味添加原料

| 色拉油200克 | 郫县豆瓣酱300克 | 姜片10克 | 蒜米3克 |
| 葱颗5克 | 洋葱颗10克 | 豆豉3克 | |

制作工艺

（1）初加工

鸭脯去残毛、残骨，用刀在肉身上划几刀，深度为鸭脯肉的三分之一，洗净。

（2）浸漂

鸭脯肉入清水中浸漂1～5小时，中途换水2～3次，捞出，沥净水。

（3）码味

精盐入鸭脯肉内外均匀抹匀，放入姜片、葱节、料酒、五香粉拌匀，夏天码味1～2小时，冬天码味3～5小时。

（4）风味添加原料加工

①豆瓣酱、豆豉稍剁，炒锅置中火上，加色拉油，待油温升至三四成热时下姜片、葱颗、洋葱颗、蒜米，待蒜米呈淡黄色时下豆瓣酱、豆豉，炒至豆瓣酥香时起锅稍凉，剁细即成油酥豆瓣。

②鸭脯肉皮朝下，油酥豆瓣均匀涂抹于脯肉上，皮朝外，肉朝内，裹紧，用细麻绳缠紧。

（5）卤品制作

①老姜拍破，大葱挽结，八角、肉桂掰成小块，草果去籽，砂仁、豆蔻拍破，甘草切碎，所有香料入清水中浸泡5～12小时，入清水锅中汆一水，清水冲洗，沥净水，用两个香料袋分装。

②取一卤水桶，放入洗净的竹篦笆，投入老姜、大葱、香料袋、冰糖、胡椒粉，掺入鲜汤，调入精盐、糖色，熬至卤水香气四溢时下鸭脯肉，放入鸡精、味精，中火烧沸，撇净浮沫，改用小火卤至竹筷能戳入时，卤水桶移离火口，待鸭脯肉在卤水中浸泡20分钟后捞出，沥净卤水，逐一排放，缠丝鸭脯即已制成。

食用方法

取下细麻绳，切成薄片，整齐入盘，即可。

工艺关键

❋ 应选新鲜、带皮，肉色微红光亮，无异味，无残毛，无残骨的鸭脯肉为佳。

❋ 豆瓣酱需炒酥香，以利增香、增味，回味无穷。

香卤鸭脖

特点 咸鲜激辣，皮香味醇，风味别致。

味型 家常味 ⇒ **卤水类型** 辣卤**卤水**···

卤品原料

鲜鸭脖5000克

码味原料配方

葱节300克	姜片200克	精盐150克	料酒500克
干花椒5克	五香粉2克		

卤水配方

干辣椒节800克	干花椒100克	老姜500克	姜片200克
大葱500克	葱节300克	蒜瓣100克	洋葱块200克
八角3克	草果20克	肉桂20克	肉豆蔻5克
豆蔻5克	砂仁15克	山柰20克	小茴5克
月桂叶15克	糖色少许	料酒500克	胡椒粉10克
精盐适量	味精5克	鲜汤适量	冰糖50克
鸡精10克	色拉油500克	猪化油500克	

风味添加原料

色拉油5000克

制作工艺

（1）初加工

鸭脖去气管、残毛，洗净。

（2）浸漂

鸭脖入盆中，掺入清水淹没，浸漂1~5小时，中途换水2~3次，捞出，沥净水。

（3）码味

码味原料和匀，在鸭脖表面抹匀擦透，夏天码味3~5小时，冬天码味8~12小时。中途上下翻匀2~3次。

（4）余水

鸭脖入沸水锅中余一水，清水冲洗，沥净水。

（5）卤品制作

①老姜拍破，大葱挽结，干花椒、干辣椒用微火焙香，八角、肉桂掰成小块，砂仁、豆蔻、肉豆蔻拍破，草果去籽，所有香料入清水中浸泡，夏天浸泡5~8小时，冬天浸泡8~12小时。入清水锅中余一水，清水冲洗，沥净水，与干花椒拌匀，用两个香料袋分装。

②取一卤水桶，放入洗净的竹箅笆，投入香料袋、干辣椒节、老姜、大葱、冰糖、料酒、胡椒粉。

③炒锅置中火上，加色拉油，猪化油，油温升至四五成热，下葱节、姜片、洋葱块、蒜瓣炒香，入卤水桶中，掺入鲜汤，旺火烧沸，改用小火熬至香气四溢时调入糖色、精盐、鸡精、味精，放入鸭脖，旺火烧沸，撇净浮沫，改用小火卤至鸭脖熟软。卤水桶移离火口，待鸭脖在卤水中浸泡20分钟后捞出，沥净卤水，稍凉。

④锅置中火上，烧热，下色拉油，油温升至三四成热，逐一放入鸭脖，不停翻转，炸至鸭脖表皮酥香，捞出，沥净油，香卤鸭脖即已制成。

食用方法

香卤鸭脖斩成长约3~4厘米的节，整齐入盘，即可。

工艺关键	❋ 应选脖体粗壮，表皮有弹性，肉色微红，新鲜无异味的鸭脖为佳。
	❋ 此卤水用糖色宜少，因炸制会增加色泽。
	❋ 炸鸭脖时，投入油锅中数量不宜多，以防溢锅。

香脆鹅肠

味型 **麻辣味** ▷▷▷ 卤水类型 油卤**卤水**

特点 麻辣鲜香，脆嫩爽口，回味无穷。

卤品原料

鲜鹅肠2000克

码味原料配方

葱节100克	姜片50克	料酒200克	干细淀粉20克

卤水配方

干辣椒节1000克	干花椒300克	大葱300克	老姜200克
葱节100克	姜片50克	蒜瓣15克	洋葱块30克
草果5克	八角20克	肉桂10克	山奈2克
丁香2克	砂仁10克	豆蔻2克	肉豆蔻3克
月桂叶20克	米酒20克	料酒20克	小茴3克
精盐适量	鸡精5克	味精3克	胡椒粉10克
冰糖20克	鲜汤适量	熟菜油1000克	
色拉油1000克			

风味添加原料

红油300克	蒜泥20克	香油10克	花椒粉10克
葱花30克	味精10克		

制作工艺

(1) 初加工

鲜鹅肠去净油筋，放入盆中，加少许料酒、精盐，反复揉搓，去净污物，切成长约15～20厘米的节，清水冲洗，入盆中，加清水淹没，放入少许冰块，入冰箱中保鲜20分钟。

（2）码味

鲜鹅肠入盆中，加葱节、姜片、料酒、干细淀粉拌匀，码味10～20分钟。

（3）汆水

锅中掺入清水，旺火烧沸，鹅肠抖散放入锅内，翻匀，旺火烧沸，捞出，清水冲洗，沥净水。

（4）卤品制作

①老姜拍破，大葱挽结，八角、肉桂掰成小块，草果去籽，砂仁、豆蔻、肉豆蔻拍破，所有香料用清水分别冲洗，沥净水。干花椒焙香，取500克干辣椒节入沸水锅中煮约两分钟后捞出，清水冲洗，沥净水，剁成茸，即成糍粑辣椒，余下的干辣椒节用微火炒至椒干辣香。

②炒锅置中火上，放入500克色拉油，80克熟菜油，烧热，下豆蔻、小茴，小火炒至豆蔻酥脆时，放入八角、肉桂、草果、砂仁、肉豆蔻、山奈、丁香，小火炒至香气四溢时投入糍粑辣椒，炒至色红油亮，辣香味浓时放入冰糖、月桂叶，烹入米酒，小火炒至米酒水分完全蒸发时放入花椒拌匀，移离火口，入盛器中，凉后加盖，24小时后过滤，料渣用两个香料袋分装，此时有油渗出，用盆盛装。

③取一卤水桶，放入香料袋、油、干辣椒节、老姜、大葱。

④锅置中火上，加余下的色拉油、熟菜油，待油温升至三四成热时下葱节、姜片、洋葱块、蒜瓣炒香入卤水锅中，掺入鲜汤，调入胡椒粉、冰糖、料酒、精盐、鸡精、味精，中火烧沸，撇净浮沫，改用小火熬至香气四溢。

⑤蒜泥、香油、花椒粉、味精、红油入若干个碗内。

⑥卤水用中火烧沸，撇净浮沫。取一竹漏子放入鹅肠，入卤水中，卤至刚成熟，倒入碗内，撒上葱花，香脆鹅肠即已制成。

> **工艺关键**
> ❋ 应选色泽鲜艳，肠厚质脆，无异味，无杂质的鲜鹅肠为佳。
> ❋ 鹅肠汆水时，应用旺火将水烧沸后，下鹅肠，旺火将水烧沸后应立即捞出，清水冲洗，火力过小，汆的时间长，会影响鹅肠的嫩脆感。
> ❋ 卤鹅肠时，火力应用旺火或中火，卤制时间以鹅肠刚成熟为佳。
> ❋ 香脆鹅肠宜现卤现售，以保持鲜脆。

五香浸鸡

特点　色泽黄亮，鸡肉鲜美，回味悠长。

味型 五香味　➡　**卤水类型** 白卤**卤水** ●●●

卤品原料

三黄鸡10只（约10千克）

码味原料配方

葱节500克	姜片200克	精盐300克	料酒1000克
干花椒5克	五香粉3克		

卤水配方

老姜500克	姜片300克	葱节300克	大葱1000克
蒜瓣50克	洋葱块500克	八角30克	肉桂10克
草果15克	豆蔻5克	砂仁20克	肉豆蔻3克
白芷3克	甘草5克	丁香2克	山奈10克
小茴5克	月桂叶20克	胡椒粉10克	精盐适量
干辣椒节5克	干花椒3克	冰糖10克	料酒500克
鸡精10克	味精5克	鲜汤适量	色拉油300克
猪化油500克			

制作工艺

（1）初加工

鸡宰杀去毛、嘴壳、脚上粗皮，在肛门与腹部之间开一约6～8厘米长的小口，去内脏、食嗉、食管、气管、爪尖，清洗干净。

（2）浸漂

鸡入清水中，夏天浸漂1～3小时，冬天3～5小时，中途换水三四次，沥净水。

（3）码味

码味原料和匀，在鸡身表面、鸡肚、鸡嘴内，抹匀擦透。夏天码味3～5小时，冬天码味8～12小时，中途上下翻匀两三次。

（4）汆水

鸡入沸水锅中，中火汆至紧皮时捞出，清水冲洗，沥净水。

（5）卤品制作

①老姜拍破，大葱挽结，花椒焙香，八角、肉桂掰成小块，砂仁、豆蔻、肉豆蔻拍破，草果去籽，白芷、甘草切碎，八角、肉桂、豆蔻、肉豆蔻、甘草、白芷、草果、砂仁、丁香、小茴、月桂叶、山柰入清水中浸泡，夏天浸泡5～8小时，冬天浸泡8～12小时，捞出，与干辣椒节一同入清水锅中汆一水，清水冲洗，沥净水，与干花椒拌匀，用两个香料袋分装。

②取一卤水桶，放入洗净的竹篾笆。

③炒锅置中火上，加色拉油、猪化油，油温升至五六成热，下葱节、姜片、洋葱块、蒜瓣炒香，入卤水桶中，投入香料袋、老姜、大葱，掺入鲜汤，加冰糖、料酒、胡椒粉、精盐烧沸，小火熬至香气四溢时放入鸡、鸡精、味精，中火烧沸，撇净浮沫，改用小火卤至竹筷能从鸡腿中戳穿时，卤水桶移离火口，待卤鸡在卤水中浸泡20分钟后捞出，沥净卤水，五香浸鸡即已制成。

食用方法

五香浸鸡斩成4～5厘米长、1.5～2厘米宽的条，整齐入盘，淋入少许卤水即可。

工艺关键

❋ 应选毛黄、脚黄、嘴黄，羽毛光亮，脚、爪光滑，两眼有神，肌体健壮，饲养期为一年以内，体重1000克左右的三黄鸡为佳。

❋ 卤水的精盐用量以卤水稍咸为度，以利入味。

腊香卤鸡

 味型 五香味 ▷▷▷ **卤水类型 腊卤卤水**

特点 色泽鲜艳，腊香浓郁，鸡肉鲜美，风味独特。

卤品原料

土鸡10只（约15千克）

码味原料配方

葱节500克	姜片300克	精盐400克	料酒500克
五香粉3克			

卤水配方

老姜300克	大葱500克	洋葱块200克	草果15克
八角50克	肉桂20克	白芷5克	山奈15克
豆蔻5克	肉豆蔻5克	甘草5克	砂仁15克
月桂叶30克	小茴5克	丁香2克	胡椒粉10克
干辣椒节20克	干花椒3克	精盐适量	料酒500克
米酒50克	冰糖10克	鸡精10克	味精5克
腊味原汁适量			

风味添加原料

香油300克	花椒面30克	熟辣椒粉100克	熟芝麻粉10克
味精5克			

制作工艺

（1）初加工

鸡宰杀去毛、嘴壳、脚上粗皮，在肛门与腹部之间开一约6～8厘米长的小口，去内脏、食嗉、食管、气管、爪尖，清洗干净。

（2）浸漂

鸡入盆中，加清水浸漂，夏天浸漂1～2小时，冬天3～5小时，中途上下翻动，换水三四次，捞出，沥净水。

（3）码味

所有码味原料和匀，在鸡身、鸡肚、鸡嘴内，抹匀擦透。夏天码味3～5小时，冬天码味8～12小时，中途上下翻匀两三次。

（4）汆水

土鸡入沸水锅中中火汆至鸡身紧皮时捞出，清水冲洗，沥净水。

（5）卤品制作

①老姜拍破，大葱挽结，花椒焙香，八角、肉桂掰成小块，砂仁、豆蔻、肉豆蔻拍破，草果去籽，白芷、甘草切碎，将所有香料入清水中浸泡，夏天浸泡5～8小时，冬天浸泡8～12小时，捞出，与干辣椒节一同入清水锅中汆一水，清水冲洗，沥净水，与干花椒拌匀，用两个香料袋分装。

②取一卤水桶，放入洗净的竹篾笆。投入香料袋、老姜、大葱、洋葱块，掺入腊味原汁，调入料酒、胡椒粉、米酒、冰糖烧沸，小火熬至香气四溢时放入土鸡、精盐、鸡精、味精，中火烧沸，撇净浮沫，改用小火卤至鸡肉熟软，卤水桶移离火口，待卤鸡在卤水中浸泡15～20分钟后捞出，沥净卤水，趁热用木刷蘸上香油，均匀涂抹于鸡身表面，腊香卤鸡即已制成。

食用方法

（1）熟辣椒粉、花椒面、熟芝麻粉、味精调匀，入若干个碟中。

（2）腊香卤鸡斩成长4～5厘米，宽1.5～2厘米的块，整齐入盘，蘸碟而食。

工艺关键

❋ 腊味原汁是指将腊肉、腊鸡、腊排等腊制品煮熟捞出后所余下的原汁。

❋ 香料浸泡时间一定要泡够，否则香料的异味和不良色素会影响卤品质量。

❋ 因腊味原汁有咸味，故精盐用量要适度。

麻辣凤头 ⇨ **特点** 麻辣香醇，肉鲜浓郁。

味型 麻辣味 ⇨ **卤水类型** 豆瓣味**卤水** •••

卤品原料

凤头50个（约5000克）

码味原料配方

五香粉2克	葱节500克	姜片300克	精盐150克
料酒1000克	干花椒3克		

卤水配方

郫县豆瓣500克	干花椒200克	老姜500克	大葱300克
干辣椒节500克	葱颗50克	蒜米30克	姜片50克
洋葱颗30克	八角30克	肉桂10克	山奈5克
丁香2克	砂仁15克	豆蔻5克	肉豆蔻5克
草果10克	月桂叶10克	白芷3克	料酒500克
精盐适量	小茴5克	米酒10克	鸡精15克
精盐适量	胡椒粉15克	冰糖20克	鲜汤适量
色拉油2000克	熟菜油1000克	味精5克	

制作工艺

（1）初加工

凤头去净残毛，治净。

（2）浸漂

凤头入清水中，夏天浸漂1~2小时，冬天3~5小时，中途换水两三次，捞出，沥净水。

（3）码味

凤头入盆中，加精盐、五香粉均匀擦透，放入花椒、葱节、姜片、料酒拌匀。夏天码味3~5小时，冬天码味8~12小时，中途翻匀两三次。

（4）汆水

凤头入沸水锅中汆一水，去血污，捞出，清水冲洗，沥净水。

（5）卤品制作

①郫县豆瓣稍剁，干辣椒节用少许熟菜油炒至椒干辣香，干花椒用微火焙香，老姜拍破，大葱挽结，八角、肉桂掰成小块，草果去籽，砂仁、豆蔻、肉豆蔻拍破，白芷切碎，所有香料用清水分别冲洗，沥净水。

②炒锅置中火上，放入色拉油、熟菜油，待油温升至三四成热时，下姜片、蒜米、葱颗、洋葱颗，炒至蒜呈淡黄色时，下郫县豆瓣，炒至豆瓣水汽快干，辣椒微微发白时，投入豆蔻、砂仁、八角、肉桂、丁香、山奈、白芷、肉豆蔻、草果，小火炒至豆瓣酥香时下小茴、月桂叶、冰糖，小火炒至香气四溢时烹入米酒，小火翻炒至米酒水分完全蒸发时，下花椒翻匀，入盛器内，凉后加盖，12~24小时后用两个香料袋分装，此时有油渗出，用盆盛装。

③取一卤水桶，放入香料袋、油、干辣椒节、老姜、大葱、胡椒粉，掺入鲜汤，调入精盐，烧沸，小火熬至香气四溢时放入凤头、料酒、鸡精、味精，中火烧沸，撇净浮沫，改用小火卤至熟软，卤水桶移离火口，凤头在卤水中继续浸泡，麻辣凤头即已制成。

食用方法

在卤水桶中捞出凤头入盛器中，舀入卤水，即可食用。

工艺关键

❋ 鸡头俗称凤头，应选肉质细嫩，无残毛，无异味的新鲜肉鸡头为佳。

❋ 凤头宜趁热食用，凉后鲜味、香味稍差。

卤香鸡蛋

味型 **五香味**

特点

▷▷▷ **卤水类型** 红卤卤水

蛋香味鲜，回味悠长。

卤品原料

鸡蛋20个

卤水配方

老姜100克	大葱50克	干花椒1克	花茶叶20克
八角10克	肉桂3克	山奈5克	砂仁5克
月桂叶3克	丁香2克	精盐适量	料酒30克
味精2克	鲜汤适量		

制作工艺

(1)初加工

鸡蛋洗净。

(2)卤品制作

①老姜拍破，大葱挽结，花椒焙香，八角、肉桂掰成小块，砂仁拍破。八角、肉桂、山奈、砂仁、丁香、月桂叶、花茶叶、干花椒入清水锅中氽一水，放入老姜、大葱拌匀，用两个香料袋分装。鸡蛋入清水锅中稍煮，捞出，将蛋壳逐个敲破。

②取一砂锅，投入香料袋，掺入鲜汤，调入料酒、精盐、味精烧沸，用小火熬至香气四溢时放入鸡蛋，中火烧沸，撇净浮沫，改用小火卤至鸡蛋刚熟时将砂锅移离火口，继续浸泡，待蛋内有咸味、香味时捞

出，稍凉，卤香鸡蛋即已完成。

五香猪蹄

特点 色泽红亮，肉糯香鲜，回味悠长。

味型 **五香味** ⇨ 卤水类型 **红卤卤水**……

卤品原料

猪蹄5000克

码味原料配方

葱节300克	姜片200克	精盐150克	料酒500克
五香粉2克	花椒2克		

卤水配方

葱节500克	姜片200克	蒜瓣20克	洋葱块100克
八角30克	肉桂10克	山奈10克	丁香3克
草果15克	小茴5克	豆蔻5克	甘草3克
砂仁20克	肉豆蔻5克	月桂叶6克	白芷3克
胡椒粉10克	精盐适量	料酒500克	糖色适量
冰糖15克	鸡精10克	味精3克	鲜汤适量
色拉油500克	猪化油300克		

风味添加原料

熟辣椒粉50克   花椒粉15克   熟芝麻粉30克   味精10克

制作工艺

(1)初加工

猪蹄去蹄角、残毛，刮洗干净，在蹄身表面划一刀，以利入味。

(2)浸漂

猪蹄入清水中浸漂两三个小时，中途换水两三次。

(3)码味

精盐、五香粉在蹄身表面擦透抹匀，放入葱节、姜片、花椒、料酒拌匀。夏天码味3～5小时，冬天码味8～12小时，中途上下翻匀三四次。

(4)汆水

猪蹄入沸水锅中汆一水，捞出，清水洗净，沥净水。

(5)卤品制作

①八角、肉桂掰成小块，草果去籽，砂仁、豆蔻、肉豆蔻拍破，白芷、甘草切碎。所有香料入清水中浸泡，夏天浸泡5～8小时，冬天浸泡8～12小时，捞出，入清水锅中汆一水，清水冲洗，沥净水，用两个香料袋分装。

②取一卤水桶，放入洗净的竹篾笆。

③炒锅置中火上，加色拉油、猪化油，油温升至5～6成热时下葱节、姜片、洋葱块、蒜瓣炒香，入卤水桶中，放入香料袋、冰糖、料酒、胡椒粉，掺入鲜汤，调入精盐、糖色烧沸，用小火熬至香气四溢时投入猪蹄、鸡精、味精，中火烧沸，撇净浮沫，改用小火卤至猪蹄熟软时，卤水桶移离火口，待猪蹄在卤水中浸泡20分钟后捞出，五香猪蹄即已制成。

食用方法

熟辣椒粉、花椒粉、熟芝麻粉、味精调匀，入若干个碟中，猪蹄斩成块，蘸碟而食。

❋ 应选个大均匀，色泽光亮，新鲜，有弹性，无残毛，无异味的鲜猪蹄为佳。前蹄皮厚、筋多、胶重，比后蹄质量更优。

❋ 猪蹄卤制时间较长，糖色不宜太多，以卤水调成浅红色时为佳。

辣香鸡皮

 味型 麻辣味 ▷▷▷ **卤水类型** 白味辣卤 卤水

特点 麻辣咸鲜，香气浓郁，肉质细嫩，风味独特。

卤品原料

鸡皮3000克

码味原料配方

| 葱节300克 | 姜片200克 | 精盐30克 | 料酒500克 |

卤水配方

干辣椒节500克	干花椒100克	老姜300克	大葱500克
八角15克	肉桂10克	山奈15克	丁香2克
草果10克	小茴3克	豆蔻2克	砂仁10克
甘草3克	肉豆蔻5克	白芷3克	月桂叶5克
胡椒粉10克	精盐适量	料酒500克	冰糖20克
鸡精10克	味精3克	鲜汤适量	

风味添加原料

| 熟芝麻油30克 | 红油500克 | 花椒粉30克 | 孜然粉10克 |
| 酥花仁碎粒100克 | 香油20克 | 葱花30克 | 味精5克 |

制作工艺

(1) 初加工

鸡皮去净残毛，洗净。

（2）浸漂

鸡皮入清水中浸泡1～5小时，中途换水两三次，捞出，沥净水。

（3）码味

码味原料与鸡皮拌匀，码味1～8小时，中途上下翻匀两三次。

（4）汆水

鸡皮入沸水锅中汆一水，清水冲洗，沥净水。

（5）卤品制作

①干花椒用微火焙香，老姜拍破，大葱挽结，八角、肉桂掰成小块，草果去籽，白芷、甘草切碎，砂仁、豆蔻、肉豆蔻拍破，八角、肉桂、山柰、丁香、甘草、白芷、小茴香、草果、砂仁、豆蔻、肉豆蔻、月桂叶入清水中浸泡，夏天浸泡5～8小时，冬天浸泡8～12小时，捞出，入清水锅中汆一水，清水冲洗，沥净水，与花椒拌匀，用两个香料袋分装。

②取一卤水桶，放入洗净的竹篾笆，投入香料袋、老姜、大葱、胡椒粉、冰糖、料酒、干辣椒节，掺入鲜汤，调入精盐，中火烧沸，改用小火熬至香气四溢时放入鸡皮、鸡精、味精，旺火烧沸，撇净浮沫，改用小火卤至鸡皮熟软，移离火口，待鸡皮在卤水桶中浸泡15～20分钟后捞出，沥净卤水。

③鸡皮改成长约6～7厘米，宽约1厘米的条，入盛器中调入红油、香油、花椒粉、孜然粉、味精、酥花仁、熟芝麻、葱花拌匀。辣香鸡皮即已制成。

食用方法

辣香鸡皮入盘，即可食用。

❋ 应选色泽鲜艳，皮大、有弹性、无残毛、无异味的鲜鸡皮为佳。

❋ 麻辣味可根据食客所好而增减。

香卤肥肠

味型 五香味 ⇒ 卤水类型 红卤卤水 ...

卤品原料

鲜猪肥肠5000克

码味原料配方

| 葱节300克 | 姜片200克 | 料酒500克 | 橘树叶50克 |
| 干花椒3克 | 五香粉3克 | | |

卤水配方

老姜300克	大葱500克	干辣椒节150克	干花椒5克
八角20克	肉桂10克	山柰5克	草果15克
丁香1克	豆蔻5克	月桂叶15克	甘草5克
小茴5克	肉豆蔻5克	白芷3克	砂仁15克
红橘皮20克	胡椒粉10克	精盐适量	冰糖10克
料酒500克	糖色少许	鸡精10克	味精5克
鲜汤适量			

风味添加原料

| 熟辣椒粉50克 | 花椒粉15克 | 熟芝麻粉20克 | 味精10克 |

制作工艺

（1）初加工

将肥肠切去肛门入盆，加食用白矾、精盐、醋、料酒等反复搓揉，洗净，去净黏液，以手触摸不滑为止，然后翻刮肠内污物，反复搓揉，洗净，再将肥肠翻过来，洗净。

（2）码味

肥肠入盆中，加所有码味原料拌匀，码味一两个小时，中途上下翻匀两三次。

（3）汆水

肥肠入沸水锅中汆一水，捞出，清水洗净，沥净水。

（4）卤品制作

①老姜拍破，大葱挽结，干花椒用微火焙香，八角、肉桂掰成小块，草果去籽，砂仁、豆蔻、肉豆蔻拍破，白芷、甘草、红橘皮切碎。八角、肉桂、山柰、草果、丁香、豆蔻、月桂叶、甘草、小茴、肉豆蔻、白芷、砂仁入清水中浸泡，夏天浸泡3～8小时，冬天浸泡8～12小时，捞出，与红橘皮、干辣椒节一同入清水锅中汆一水，清水冲洗，沥净水，与干花椒拌匀，用两个香料袋分装。

②取一卤水桶，放入洗净的竹篾笆，投入香料袋、老姜、大葱、胡椒粉、料酒、冰糖，掺入鲜汤，调入精盐、糖色，中火烧沸，改用小火熬至香气四溢时放入肥肠、鸡精、味精，中火烧沸，撇净浮沫，改用小火卤至肥肠熟软，卤水桶移离火口，待肥肠在卤水中浸泡15～20分钟后捞出，沥净卤水，香卤肥肠即已制成。

食用方法

熟辣椒粉、花椒粉、熟芝麻粉、味精调匀，入若干个碟中，肥肠切成小块，整齐入盘，蘸碟而食。

工艺关键

❋ 应选色白有光，黏液丰富，肠肥体厚，无污物，无异味的鲜猪肥肠为佳。

❋ 肥肠卤制时间较长，易上色，故糖色宜少，以免卤品发黑。

荷香肘子

味型 **麻辣味** ▶▶▶ **卤水类型** **红卤卤水**

特点 色泽红亮，鲜香微辣，回味悠长，风味别致。

卤品原料

猪肘5000克

码味原料配方

葱节300克	姜片200克	料酒300克

卤水配方

老姜300克	大葱500克	八角 3 0克	肉桂10克
草果15克	砂仁15克	山奈10克	丁香2克
甘草3克	豆蔻5克	月桂叶30克	小茴3克
白芷3克	冰糖15克	肉豆蔻5克	胡椒粉10克
精盐适量	味精5克	糖色适量	料酒300克
鸡精15克	鲜汤适量		

风味添加原料

色拉油300克	郫县豆瓣400克	姜片10克	蒜米5克
葱粒5克	洋葱颗10克	豆豉5克	五香粉2克
荷叶适量			

制作工艺

(1)初加工

猪肘去净残毛，刮洗干净，去肘骨，分成两半，用刀在肉身上划几刀，深度为肘肉的三分之二，洗净。

(2)浸漂

猪肘入清水中浸泡3～5小时，捞出，沥净水。

(3)码味

码味原料与猪肘拌匀，码味1～3小时。

（4）风味添加原料加工

①豆瓣酱、豆豉剁细，炒锅置中火上，烧热，下色拉油，待油温升至三四成热时放进葱颗、姜片、洋葱颗、蒜米，待蒜米呈淡黄色时下豆瓣酱、豆豉，炒至豆瓣酱酥香时起锅，稍凉，剁细，与五香粉拌匀。

②猪肘皮朝下，豆瓣酱均匀涂抹于肘肉上。皮朝外，肉朝内，裹紧，用细麻绳缠牢。

（5）卤品制作

①老姜拍破，大葱挽结，荷叶洗净，八角、肉桂掰成小块，草果去籽，砂仁、豆蔻、肉豆蔻拍破，白芷切碎。八角、肉桂、草果、砂仁、山奈、丁香、甘草、豆蔻、月桂叶、小茴、白芷、肉豆蔻入清水锅中汆一水，清水冲洗，沥净水。用两个香料袋分装。

②取一卤水桶，放入香料袋、老姜、大葱、胡椒粉，冰糖、料酒，掺入鲜汤，调入糖色、精盐，中火烧沸，改用小火熬至香气四溢时放入猪肘、鸡精、味精，旺火烧沸，撇净浮沫，改用小火卤至猪肘熟软时，卤水桶移离火口，待猪肘在卤水桶中浸泡10～15分钟后捞出，沥净卤水，用荷叶裹好，入笼中蒸至上气，移离火口，荷香肘子即已制成。

食用方法

取下荷叶、细麻绳，猪肘切成薄片，整齐入盘，即可食用。

工艺关键

❋ 豆瓣酱需炒香，才能使卤品味香肉鲜。

❋ 猪肘卤制时间长，易上色，卤水应用糖色调成浅红色。

麻辣羊蹄

味型 麻辣味 ⇒ 卤水类型 油卤卤水 • • •

卤品原料

鲜羊蹄5000克

码味原料配方

葱节300克	姜片200克	精盐100克	料酒500克
干花椒3克	五香粉3克		

卤水配方

干辣椒节1500克	干花椒400克	大葱500克	老姜300克
蒜瓣20克	姜片50克	洋葱块35克	八角25克
肉桂15克	山柰15克	丁香2克	砂仁20克
豆蔻5克	肉豆蔻5克	白芷5克	月桂叶15克
小茴5克	草果15克	胡椒粉10克	精盐适量
料酒500克	糖色少许	冰糖20克	鸡精10克
色拉油1000克	熟菜油1500克	味精5克	鲜汤适量

风味添加原料

红油500克	花椒粉30克	孜然粉100克	熟芝麻50克
味精20克			

制作工艺

（1）初加工

羊蹄用火将表皮烧至起黑色硬壳，入温水中浸泡至软后刮洗洗净。

（2）浸漂

羊蹄入清水中浸泡3～8小时捞出，沥净水。

（3）码味

码味原料入蹄身抹匀擦透，夏天码味3～8小时，冬天码味8～12小时。

（4）汆水

羊蹄入清水锅中汆一水，捞出，沥净水。

（5）卤品制作

①老姜拍破，大葱挽结，八角、肉桂瓣成小块，草果去籽，白芷切碎，砂仁、豆蔻、肉豆蔻拍破，所有香料用清水分别冲洗，沥净水。取500克干辣椒节入沸水锅中煮约两分钟，清水冲洗，沥净水，剁成茸，即成糍粑辣椒，余下的干辣椒节用少许熟菜油炒至椒干辣香，干花椒焙香。

②锅置中火上，下色拉油、熟菜油，油温升至三四成热时下小茴、豆蔻、肉豆蔻、砂仁，小火炒至豆蔻酥香，放入八角、肉桂、丁香、山柰、白芷、草果，炒至香气四溢时，投入葱节、姜片、蒜瓣、洋葱块，中火炒至蒜瓣呈淡黄色时下糍粑辣椒，翻炒至色红油亮，辣香浓郁，加月桂叶炒香，下干花椒拌匀，入盛器中，凉后加盖，24小时后用两个香料袋分装，此时有油渗出，用盆盛装。

③取一卤水桶，放入香料袋、油、干辣椒节、老姜、大葱、胡椒粉、冰糖、料酒，掺入鲜汤，调入精盐、糖色，中火烧沸，改用小火熬至香气四溢时放入羊蹄、鸡精、味精，中火烧沸，撇净浮沫，改用小火卤至羊蹄熟软时，卤水桶移离火口，待羊蹄在卤水桶中浸泡15～20分钟后捞出，沥净卤水。

④羊蹄斩成节加红油、花椒粉、孜然粉、味精拌匀，撒入熟芝麻调匀，麻辣羊蹄即已制成。

食用方法

羊蹄入盛器中，食客每人配一副一次性卫生食用手套即可食用。

❋ 下葱节、洋葱块、蒜瓣、姜片、香料、糍粑辣椒等时应慢慢下，以防溢锅。

❋ 羊蹄应趁热食用为佳。

辣香玉兔

味型 **家常味** ▶▶▶ **卤水类型**
豆瓣味**卤水**

特点　色泽红亮，咸鲜激辣，肉香味浓，风味别致。

卤品原料

　　活兔10只（约20千克）

码味原料配方

葱节500克	姜片300克	精盐200克	干花椒3克
五香粉2克	料酒500克		

卤水配方

郫县豆瓣1000克	干花椒100克	葱颗100克	洋葱颗200克
干辣椒节300克	蒜米50克	姜片300克	八角80克
肉桂20克	山柰10克	草果15克	砂仁25克
丁香2克	豆蔻3克	肉豆蔻5克	小茴10克
月桂叶20克	料酒500克	米酒20克	冰糖30克
糖色少许	精盐适量	胡椒粉15克	鸡精15克
熟菜油2000克	色拉油1000克	味精5克	鲜汤适量

风味添加原料

色拉油3000克	白芝麻300克

制作工艺

　　（1）初加工

　　活兔宰杀，去皮，剖腹去内脏、爪尖，清洗干净。

　　（2）浸漂

　　兔肉入清水中浸泡，夏天1～3小时，冬天3～5小时，中途换水2～3次，捞出，沥净水。

　　（3）码味

　　码味原料入兔身表面、兔肚、嘴内，均匀擦透，夏天码味3～5小时，冬天码味8~12小时，中途上下翻匀三四次。

(4) 氽水

兔肉入沸水锅中氽一水，捞出，清水冲洗，沥净水。

(5) 卤品制作

①郫县豆瓣稍剁，干辣椒节加少许熟菜油微火炒至椒干辣香。干花椒焙香，八角、肉桂掰成小块，草果去籽，砂仁、豆蔻、肉豆蔻拍破，所有香料用清水分别冲洗，沥净水。

②炒锅置中火上，烧热，加色拉油、熟菜油，待油温升至三四成热时，下葱颗、洋葱颗、姜片、蒜米，炒至蒜呈淡黄色时下豆瓣酱，炒至豆瓣水汽快干，辣椒微微发白时下豆蔻、肉豆蔻、砂仁、草果、八角、山奈、丁香、肉桂、小火炒至豆瓣酥香时下小茴、月桂叶，烹入米酒，炒至米酒水分完全蒸化时加干辣椒节、花椒拌匀，起锅入盛器中，凉后加盖，12~24小时后用两个香料袋分装，此时有油渗出，用盆盛装。

③取一卤水桶，放入香料袋、胡椒粉、冰糖，掺入鲜汤，调入糖色、精盐、料酒，中火烧沸，改用小火熬至香气四溢时投入兔肉、鸡精、味精，旺火烧沸，撇净浮沫，改用小火卤至兔肉熟软时，卤水桶移离火口，待兔肉在卤水桶中浸泡20分钟后捞出，沥净卤水，裹上白芝麻。

④炒锅置中火上，烧热，下色拉油，待油温升至四五成热时，放入兔肉，炸至兔肉表面紧皮时，捞出，沥净油，辣香玉兔即已制成。

食用方法

兔肉改成块，整齐入盘，即可食用。

工艺关键

❋ 下葱颗、姜片、蒜米、洋葱颗、豆瓣、香料入油锅时，应慢慢下，以防溢锅。

❋ 兔肉要趁热，才能裹上白芝麻。

香辣兔头

色泽红亮，麻辣鲜香，肉质滋润，回味悠长。

味型 麻辣味 ⇒ 卤水类型 红卤卤水 ．．．

卤品原料

鲜兔头5000克

码味原料配方

葱节300克	姜片200克	精盐150克	料酒500克
五香粉5克			

卤水配方

老姜300克	大葱500克	八角30克	肉桂20克
山奈10克	丁香2克	砂仁20克	豆蔻3克
肉豆蔻5克	草果20克	小茴5克	月桂叶50克
甘草3克	白芷5克	糖色适量	料酒500克
胡椒粉10克	冰糖30克	味精5克	鲜汤适量
精盐适量	鸡精10克		

风味添加原料

红油1000克	花椒300克	干辣椒节300克	味精20克

制作工艺

(1) 初加工

兔头用剪刀剪去残毛，治净。

(2) 浸漂

兔头入清水中浸泡，夏天1～3小时，冬天3～5小时，中途换水三四次，沥净水。

(3) 码味

码味原料入兔头中拌匀，夏天码味3～5小时，冬天码味8～12小时，中途上下翻匀三四次。

（4）汆水

兔头入清水锅中，旺火烧沸，捞出，清水冲洗，沥净水。

（5）卤品制作

①老姜拍破，大葱挽结，八角、肉桂掰成小块，甘草、白芷切碎，砂仁、豆蔻、肉豆蔻拍破，所有香料入清水中浸泡，夏天浸泡5～8小时，冬天浸泡8～12小时，捞出，入清水锅中汆一水，清水冲洗，沥净水，用两个香料袋分装。

②取一卤水桶，放入洗净的竹篾笆，投入香料袋、老姜、大葱、胡椒粉、冰糖，掺入鲜汤，中火烧沸，调入精盐、糖色、料酒，改用小火熬至香气四溢时放入兔头、鸡精、味精，中火烧沸，撇净浮沫，改用小火卤至兔头熟软时，卤水桶移离火口，待兔头在卤水中浸泡15～20分钟，捞出，沥净卤水，晾凉。

③兔头劈成两半。

④锅置中火上，烧热，下红油，加热至三四成油温，下兔头，炒至兔头吐油时下干辣椒、花椒炒香，调入味精，起锅，香辣兔头即已制成。

食用方法

入盘，食客每人配一副一次性卫生手套，即可食用。

工艺关键

❋ 兔头应选个体均匀，无残毛、无异味的鲜兔头为佳。

❋ 糖色用量以卤水调成浅红色时为度，糖色过多，炒制后兔头易发黑。

香卤牛肉

味型 **五香味** ▶▶▶ 卤水类型 **红卤卤水**

特点 色泽美观，肉香味浓，回味无穷。

卤品原料

黄牛肉5000克

码味原料配方

精盐200克	料酒500克	葱节500克	姜片200克
干花椒3克	五香粉5克		

卤水配方

老姜500克	大葱1000克	干辣椒节50克	干花椒5克
八角30克	肉桂15克	山奈10克	丁香2克
草果25克	砂仁30克	豆蔻5克	肉豆蔻3克
小茴10克	月桂叶10克	甘草5克	精盐适量
冰糖15克	糖色适量	胡椒粉20克	鸡精10克
味精10克	鲜汤适量		

风味添加原料

熟辣椒粉300克	花椒粉20克	味精15克	熟芝麻粉10克

制作工艺

(1) 初加工

牛肉去筋膜，改成约250克重的块，洗净。

(2) 浸漂

牛肉入清水中浸漂，夏天浸漂3～5小时，冬天5～8小时，中途换水两三次，沥净水。

(3) 码味

码味原料与牛肉拌匀擦透，夏天码味5～8小时，冬天8～12小时，中途上下翻动三四次。

（4）汆水

牛肉入清水锅中汆一水，捞出，清水冲洗，沥净水。

（5）卤品制作

①老姜拍破，大葱挽结，干花椒用微火焙香，八角、肉桂掰成小块，草果去籽，砂仁、豆蔻、肉豆蔻拍破，甘草切碎。所有香料入清水中浸泡，夏天浸泡5～8小时，冬天浸泡8～12小时，捞出，与干辣椒节一同入清水锅中汆一水，清水冲洗，与花椒拌匀，用两个香料袋分装。

②取一卤水桶，放入洗净的竹篾笆，投入香料袋、老姜、大葱、冰糖、胡椒粉，掺入鲜汤，旺火烧沸，调入精盐，糖色，改用小火熬至香气四溢时放入牛肉、鸡精、味精，中火烧沸，撇净浮沫，改用小火卤至牛肉熟软时，卤水桶移离火口，待牛肉在卤水中浸泡20分钟后，捞出，沥净卤水，香卤牛肉即已制成。

食用方法

熟辣椒粉、花椒粉、熟芝麻粉、味精拌匀，入若干个小碟中，牛肉切成薄片，蘸碟而食。

工艺关键

❋ 牛肉应选色泽鲜艳，肉质细嫩，黄牛的里脊、腿腱部位为佳。

❋ 浸漂时需多换几次水，充分去掉血污，以利卤品色佳、味醇。

五香羊肉

特点 色泽红润，皮糯肉香。

味型 五香味 ⇒ 卤水类型 红卤卤水……

卤品原料

优质羊腿（约5000克）

码味原料配方

葱节500克	姜片300克	料酒500克	精盐200克
五香粉5克	干花椒2克		

卤水配方

老姜500克	大葱800克	干辣椒节100克	干花椒5克
八角25克	肉桂15克	草果20克	山奈20克
丁香3克	白芷3克	肉豆蔻5克	豆蔻1克
砂仁15克	甘草5克	红橘皮20克	小茴3克
月桂叶30克	糖色适量	精盐适量	胡椒粉10克
冰糖100克	味精5克	鲜汤适量	鸡精15克

风味添加原料

熟辣椒粉250克	花椒粉30克	味精15克	熟芝麻粉20克

制作工艺

（1）初加工

去净羊肉残毛，洗净改成约250克重的块。

（2）浸漂

羊肉入清水中浸漂，夏天浸漂1～3小时，冬天浸漂3～5小时，中途换水三四次，捞出，沥净水。

（3）码味

码味原料与羊肉拌匀擦透，夏天码味3～5小时，冬天码味8～12小时，中途上下翻匀三四次。

（4）汆水

羊肉入清水锅中汆一水，捞出，清水冲洗，沥净水。

（5）卤品制作

①老姜拍破，大葱挽结，干花椒焙香，八角、肉桂掰成小块，草果去籽，白芷、甘草、红橘皮切碎，豆蔻、肉豆蔻、砂仁拍破，八角、肉桂、草果、山奈、丁香、小茴、月桂叶、豆蔻、肉豆蔻、砂仁、白芷、红橘皮、甘草入清水中浸泡，夏天浸泡3～8小时，冬天8～12小时，捞出与干辣椒节一同入清水锅中汆一水，捞出，清水冲洗，沥净水，与干花椒拌匀，用两个香料袋分装。

②取一卤水桶放入香料袋、老姜、冰糖、大葱、胡椒粉，掺入鲜汤，旺火烧沸，调入精盐、糖色、小火熬至香气四溢时下羊肉、鸡精、味精，中火烧沸，撇净浮沫，改用小火卤至羊肉熟软，卤水桶移离火口，待羊肉在卤水中浸泡15～20分钟后捞出，沥净卤水，五香羊肉即已制成。

食用方法

熟辣椒粉、花椒粉、熟芝麻粉、味精调匀入小碟中，羊肉去骨切成薄片，蘸碟而食。

工艺关键

※ 应选用带皮优质羊腿肉为佳。

※ 羊肉腥味较重，血污需去净。

盐水鸭

特点 色泽美观，肉鲜骨香，回味无穷。

卤品原料

嫩肥鸭10只（约10千克）

码味原料配方

葱节300克	姜片400克	精盐400克	料酒500克
五香粉5克	干花椒2克		

卤水配方

姜片400克	葱节300克	老姜500克	大葱1000克
蒜瓣150克	洋葱块400克	八角20克	砂仁15克
肉桂15克	肉豆蔻5克	草果20克	丁香3克
山柰5克	小茴5克	月桂叶20克	豆蔻5克
干辣椒节15克	干花椒5克	料酒500克	胡椒粉10克
精盐适量	冰糖20克	鸡精15克	味精5克
鲜汤适量	色拉油200克	猪化油1000克	

制作工艺

（1）初加工

嫩肥鸭宰杀去毛、嘴壳、脚上粗皮，从肛门至腹部之间开一约6～8厘米长的小口去内脏、鸭嗉、气管、食管、爪尖，清洗干净。

（2）浸漂

嫩肥鸭入清水中浸漂，夏天浸漂2～3小时，冬天浸漂3～5小时，捞出，沥净水。

（3）码味

码味原料入鸭身表面、鸭肚、鸭嘴内、抹匀擦透，夏天码味3~6小时，冬天码味8～12小时，中途上下翻动三四次。

（4）氽水

嫩肥鸭入沸水锅中氽一水、清水冲洗、沥净水。

（5）卤品制作

①老姜拍破：大葱挽结，八角、肉桂掰成小块，砂仁、肉豆蔻、豆蔻、拍破，草果去籽，所有香料入清水中浸泡，夏天浸泡5～8小时，冬天浸泡8～12小时，捞出与干辣椒、花椒一同入清水锅中氽一水、清水冲洗、沥净水，用两个香料袋均匀分装。

②取一卤水桶，放入洗净的竹篾笆。

③锅置中火上，加色拉油、猪化油，烧至四成油温，下葱节、姜片、蒜瓣、洋葱块炒至香气四溢时，入卤水桶中，放入老姜、大葱、掺入鲜汤，调入胡椒粉、精盐、料酒、冰糖，旺火烧沸、撇净浮沫，改用小火熬至香气四溢时投入嫩肥鸭，加鸡精、味精，中火烧沸，小火卤至肥鸭熟软，卤水桶移离火口，待嫩肥鸭在卤水中浸泡20分钟后捞出，沥净卤水，盐水鸭即已制成。

食用方法

鸭肉斩成条，淋入卤水即可食用。

* 肥鸭需鲜活。
* 香料、肥鸭需浸泡，以去掉不良色泽和异味。
* 肥鸭以卤至用竹筷能从鸭腿中戳入时为佳。

姜爆鸭

味型 **家常味** ⇒ 卤水类型 **辣卤卤水** ···

卤品原料

　　白鸭10只（约10千克）

码味原料配方

葱节300克	姜片200克	精盐300克	料酒500克
五香粉3克			

卤水配方

干辣椒节500克	干花椒30克	八角25克	白芷5克
草果10克	肉桂20克	豆蔻5克	肉豆蔻6克
砂仁20克	丁香5克	山奈20克	小茴5克
月桂叶30克	鸡精10克	味精5克	老姜300克
姜片200克	大葱500克	葱节300克	蒜瓣100克
洋葱块200克	胡椒粉20克	精盐适量	料酒1000克
色拉油800克	猪化油500克	冰糖100克	鲜汤适量

风味添加原料

马耳朵形葱100克	子姜1000克	甜椒500克	姜片150克
蒜片10克	精盐30克	酱油100克	味精2克
鲜汤100克	色拉油100克		

制作工艺

（1）初加工

白鸭宰杀去毛，剖腹去内脏、鸭嗉、气管、食管、爪尖，清洗干净。

（2）浸漂

　　白鸭入盆中，注入清水进行浸漂，夏天浸漂1～2小时，冬天浸漂3～5小时，中途换水三四次，捞出，沥净水。

（3）码味

所有码味原料入鸭身表面、鸭肚、鸭嘴内，抹匀擦透。夏天码味3~5小时，冬天码味8~12小时，中途上下翻匀三四次。

（4）汆水

白鸭入沸水锅中汆一水，捞出，沥净水。

（5）卤品制作

①干辣椒、干花椒用微火分别焙酥。老姜拍破，大葱挽结，八角、肉桂掰成小块，豆蔻、肉豆蔻、砂仁拍破，草果去籽、白芷切碎，所有香料用清水分别冲洗，沥净水。

②炒锅置中火上，加色拉油、猪化油，烧至三成油温，下豆蔻、小火炒酥，放入八角、肉桂、丁香、山奈、草果、肉豆蔻、砂仁、白芷炒香，下葱节、姜片、蒜瓣、洋葱块，炒香，投入小茴、月桂叶，炒至香气四溢时投入干辣椒、花椒拌匀，用两个香料袋分装（油用盛器盛装）。

③取一汤桶，放入洗净的竹篾笆、香料袋、油、老姜、大葱、冰糖、胡椒粉、料酒、掺入鲜汤，旺火烧沸，改用小火熬至香气四溢时调入精盐，放入白鸭、鸡精、味精，旺火烧沸，撇净浮沫，改用小火卤至鸭肉成熟时，汤桶移离火口，待卤鸭在卤水中浸泡15分钟后捞出，沥净卤水，晾凉。

④卤鸭斩成条，子姜切成片，甜椒去籽改成块。取一调味盛器，放入精盐、酱油、味精、鲜汤调成味汁。

⑤炒锅置中火上，加色拉油，烧至四成油温，下鸭条，炒至吐油，放入葱姜片、蒜片、子姜片、甜椒，炒至甜椒刚断生时烹入味汁，翻匀起锅，姜爆鸭即已制成。

食用方法

姜爆鸭入盘，即可食用。

工艺关键

◈ 炒香料时用小火炒制，以利出味。

◈ 卤鸭以卤至刚成熟为度，不宜太熟软，以免炒制时不成形和影响风味。

香卤鸭脆骨

味型 **五香味** ▷▷▷ **卤水类型** 红卤卤水

特点 咸鲜味醇，骨脆肉香。

卤品原料

鸭脆骨5000克

码味原料配方

葱节200克	姜片300克	料酒2000克	五香粉2克
精盐150克	干花椒3克		

卤水配方

老姜500克	大葱1000克	洋葱块300克	八角15克
肉桂10克	草果10克	山奈15克	豆蔻5克
肉豆蔻5克	砂仁20克	丁香5克	小茴2克
月桂叶30克	冰糖20克	料酒500克	精盐适量
糖色少许	胡椒粉15克	鸡精5克	味精3克
鲜汤适量			

风味添加原料

色拉油5000克　　孜然粉30克

制作工艺

（1）初加工

鸭脆骨治净。

（2）浸漂

鸭脆骨入盆中，注入清水，浸漂1～5小时，中途换水三四次。

（3）码味

所有码味原料与鸭脆骨拌匀，码味1～8小时，中途上下翻匀三四次。

（4）汆水

鸭脆骨入沸水锅中汆一水，沥净水。

（5）卤品制作

①八角、肉桂掰成小块，豆蔻、肉豆蔻、砂仁拍破，草果去籽，所有香料入清水中浸泡3~12小时，入清水锅中汆一水，清水冲洗，沥净水，用两个香料袋分装。老姜拍破，大葱挽结。

②取一卤水桶，放入洗净的竹篾笆，投入香料袋、老姜、大葱、洋葱块，掺入鲜汤，调入胡椒粉、冰糖、料酒、糖色，旺火烧沸，改用小火熬至香气四溢时放入鸭脆骨、鸡精、味精，小火卤至鸭肉刚离骨时，汤桶移离火口，待鸭脆骨在卤水中浸泡20分钟后捞出，稍凉。

③锅置中火上，烧热，加色拉油烧至六成油温，放入鸭脆骨炸至表皮酥香，捞出，沥净油。撒上孜然粉拌匀，香卤鸭脆骨即已制成。

食用方法

鸭脆骨剁成块，入盘即可。

工艺关键

❋ 用糖色将卤水调成浅红色，因鸭脆骨入锅炸制，会增加色泽，卤水色泽过深，卤品会发黑。

❋ 鸭脆骨卤至鸭肉能离骨时即可。

麻辣鸭舌

味型 麻辣味 ⇨ 卤水类型 油卤卤水 ...

卤品原料

　　鲜鸭舌3000克

码味原料配方

| 葱节300克 | 姜片200克 | 精盐30克 | 料酒1000克 |

卤水配方

干辣椒节1000克	干花椒200克	老姜300克	大葱200克
姜片150克	葱节100克	蒜瓣50克	洋葱块200克
八角10克	肉桂5克	丁香2克	草果10克
豆蔻5克	肉豆蔻3克	砂仁10克	山柰10克
小茴3克	月桂叶5克	鸡精10克	味精5克
胡椒粉5克	精盐适量	料酒500克	米酒50克
色拉油2000克	糖色少许	冰糖30克	鲜汤适量
熟菜油2000克			

风味添加原料

| 辣椒油500克 | 花椒粉20克 | 白糖3克 | 蒜泥20克 |
| 葱花50克 | 味精5克 | | |

制作工艺

　　（1）初加工

　　鸭舌去掉食管，入盆中，加少许精盐、料酒反复揉搓，去净黏液，清水洗净。

　　（2）浸漂

　　鸭舌入清水中浸漂1～2小时。

　　（3）码味

　　码味原料与鸭舌拌匀，码味2～3小时，中途上下翻匀两三次。

(4) 汆水

鸭舌入沸水锅中汆一水，清水冲洗，沥净水。

(5) 卤品制作

①取500克干辣椒节入沸水锅中煮约2分钟后捞出，清水冲洗，沥净水，剁成茸，即成糍粑辣椒。余下的干辣椒节加少许熟菜油炒香，干花椒用微火焙酥，八角、肉桂掰成小块、豆蔻、肉豆蔻、砂仁拍破，草果去籽，所有香料用清水分别冲洗。

②锅置中火上烧热，加色拉油1500克，熟菜油1000克，烧至三成油温，下豆蔻、小茴，小火炒至酥脆，放入八角、肉桂、草果、砂仁、肉豆蔻、山奈、丁香，小火炒至香气四溢时放糍粑辣椒，炒至色红油亮、辣香味浓时下冰糖、月桂叶，炒香，烹入米酒，小火炒至米酒水分完全蒸发时投入花椒拌匀、入盛器中、凉后加盖。12小时后用两个香料袋分装（此时有油盛出，油入盛器中待用）。老姜拍破，大葱挽结。

③取一汤桶，放入洗净的竹篦笆。

④炒锅置中火上，加色拉油、熟菜油，烧至五成油温，下葱节、姜片、蒜瓣、洋葱块，炒香，入汤桶中，放入干辣椒、香料袋、老姜、大葱、胡椒粉、料酒，掺入鲜汤，熬至香气四溢时调入精盐、糖色、鸡精、味精，稍熬，投入鸭舌，旺火烧沸，撇净浮沫，小火卤至鸭舌熟软时，卤水桶移离火口，待鸭舌在卤水中浸泡20分钟后捞出，沥净卤水，稍凉。

⑤蒜泥、白糖、花椒粉、味精入盆，放入鸭舌，调入辣椒油、葱花拌匀，麻辣鸭舌即已制成。

❋ 应选新鲜，无异味，舌体肥厚的鸭舌为佳。

❋ 卤鸭舌糖色不宜太多，以卤水色呈浅红时为度。

盐焗鸡

味型 **五香味** ▷▶▶ 卤水类型 **白卤**卤水

特点 色泽金黄，咸鲜肉香。

卤品原料

土鸡或三黄鸡10只（约10千克）

码味原料配方

葱节300克	姜片200克	精盐150克	料酒1000克
五香粉2克			

卤水配方

老姜500克	大葱1000克	盐焗鸡料200克	八角25克
肉桂10克	丁香2克	山柰5克	小茴5克
砂仁20克	草果10克	豆蔻5克	姜粉20克
胡椒粉10克	精盐适量	料酒1000克	冰糖20克
干辣椒节20克	干花椒3克	鸡精5克	味精35克
鲜汤适量			

制作工艺

（1）初加工

鸡宰杀去毛洗净，斩去凤爪。

（2）浸漂

鸡入清水中浸漂3～5小时。

（3）码味

所有码味原料入鸡身、鸡肚、鸡嘴内，抹匀擦透。码味3～12小时，中途上下翻匀四五次。

（4）余水

鸡入沸水锅中余一水，捞出，沥净水。

（5）卤品制作

①老姜拍破，大葱挽结，八角、肉桂掰成小块，砂仁、豆蔻拍破，草果去籽，所有香料用清水浸泡5～12小时，捞出，入清水锅中

与辣椒、花椒一同余一水，清水冲洗，沥净水，用两个香料袋分装。

②取一卤水桶，放入洗净的竹篾笆，投入香料袋、老姜、大葱，掺入鲜汤，调入胡椒粉、姜粉、盐焗鸡料、料酒、冰糖，烧沸，改用小火熬至香气四溢时放入鸡、精盐、鸡精、味精，旺火烧沸，撇净浮沫，改用小火卤至鸡肉熟软时，将卤水桶移离火口，待鸡肉在卤水中浸泡15～20分钟，捞出，沥净卤水，晾凉。盐焗鸡即已制成。

食用方法

盐焗鸡斩成条，入盘即可。

工艺关键

※ 鸡应选鲜活的土鸡或三黄鸡，以当年体重为1000克左右的为佳。

※ 香料、鸡的浸漂时间稍长，以漂去不良色泽和血污时为佳。

油卤鸡杂

特点 麻辣鲜醇，质嫩脆爽。

味型 麻辣味 ⇒ 卤水类型 油卤卤水……

卤品原料

鸡杂（鸡胗、鸡心、鸡肝、鸡肠等）2000克

卤水原料配方

干辣椒节1000克	干花椒200克	葱节300克	姜片100克
蒜瓣30克	洋葱块40克	八角10克	肉桂3克
山柰2克	丁香1克	草果10克	月桂叶5克
小茴2克	豆蔻1克	砂仁10克	胡椒粉10克
料酒500克	米酒20克	冰糖20克	精盐适量
鸡精5克	味精3克	鲜汤适量	色拉油500克
熟菜油1000克			

风味添加原料

辣椒油300克　　　花椒粉20克　　　蒜泥20克　　　香葱花50克
香油10克　　　味精20克

制作工艺

（1）初加工

鸡心片成片，鸡肝去苦胆片，成片，鸡胗治净，剖成鸡冠形，鸡肠去油筋、污物改成约15～20厘米长的节。

（2）浸漂

鸡杂入清水中浸漂20～30分钟。

（3）码味

所有码味原料与鸡杂拌匀码味30～50分钟。

（4）汆水

鸡杂入沸水锅中汆一水，清水冲洗，沥净水。

（5）卤品制作

①取400克干辣椒节入沸水锅中煮约两分钟左右，捞出，清水冲洗，沥净水，剁成茸，即成糍粑辣椒，余下的干辣椒节加少许熟菜油炒香，花椒入锅中用微火焙香，老姜拍破，大葱挽结，八角、肉桂掰成小块，草果去籽，豆蔻、砂仁拍破，所有香料用清水分别清洗、沥净水。

②炒锅置中火上，加色拉油、熟菜油，烧热，下小茴、豆蔻，小火炒酥，放八角、蒜瓣、肉桂、山奈、丁香、砂仁、草果、葱节、姜片、蒜瓣、洋葱块，中火炒至蒜呈淡黄色时加糍粑辣椒，炒至色红油亮、辣香味浓时放冰糖、月桂叶，炒至香气四溢时烹入米酒，小火炒至米酒水分完全蒸化，下干辣椒、干花椒拌匀，移离火口，凉后加盖，12小时后用丝漏过滤，料渣用两个香料袋分装，此时有油渗出，油入盛器中待用。

③取一卤水桶，投入香料袋、油、老姜、胡椒粉、料酒，掺入鲜汤，调入精盐、鸡精、味精，熬至香气四溢，新油卤卤水即已制成。

④蒜泥、花椒粉、香油、味精、辣椒油入若干碗内，舀入少许卤水。

⑤卤水旺火烧沸，鸡杂入竹漏子中，放入卤水中卤至刚成熟时入碗中，撒上香葱花，油卤鸡杂即已制成。

工艺关键
❋ 应选色泽鲜艳，无异味的鲜鸡杂为佳。
❋ 油卤鸡杂宜现卤现卖，以利嫩脆鲜爽。

香辣凤爪

味型 五香味 ▶▶▶ **卤水类型** 白卤 卤水

特点 麻辣鲜香，回味悠长。

卤品原料

凤爪5000克

码味原料配方

葱节300克	姜片200克	精盐100克	五香粉2克
料酒500克			

卤水配方

干辣椒节400克	干花椒200克	老姜500克	大葱300克
洋葱块200克	八角15克	肉桂10克	山奈5克
丁香2克	草果10克	小茴5克	月桂叶20克
豆蔻3克	砂仁15克	肉豆蔻2克	白芷1克
味精5克	胡椒粉10克	精盐适量	糖色适量
冰糖100克	料酒500克	鸡精10克	鲜汤适量

风味添加原料

干辣椒节500克	干花椒200克	辣椒油1000克

制作工艺

（1）初加工

凤爪去爪尖、粗皮，治净。

（2）浸漂

凤爪入盆中、加清水，浸漂1～5小时，捞出沥水。

（3）码味

所有码味原料与凤爪拌匀，码味2～5小时。

（4）汆水

凤爪入沸水锅中汆一水，清水冲洗，沥净水。

（5）卤品制作

①干辣椒节、干花椒焙香，老姜拍破，大葱挽结，八角、肉桂掰成小块，白芷切碎，豆蔻、砂仁、肉豆蔻拍破，草果去籽，所有香料入清水中浸泡5～12小时，捞出，入清水锅中汆一水，清水冲洗，沥净水，与洋葱块、干辣椒、干花椒拌匀，用两个香料袋分装。

②取一卤水桶，放入洗净的竹篾笆、香料袋、老姜、大葱、冰糖、精盐、料酒、糖色、胡椒粉入卤水桶中，掺入鲜汤，旺火烧沸，改用小火熬至香气四溢时投入凤爪，加鸡精、味精、中火烧沸，撇净浮沫，改用小火卤至凤爪熟软时，卤水桶移离火口，待凤爪在卤水中浸泡20分钟后，捞出凤爪，晾凉，斩成两半。

③炒锅置中火上，烧热，加辣椒油烧至四成油温，下凤爪，炒至凤爪吐油时放干辣椒节、花椒炒香，起锅入盘，香辣凤爪即已制成。

工艺关键

❋ 凤爪易成熟，卤水色泽应用糖色调成深红色，以利上色。

❋ 凤爪需炒至吐油时方下干辣椒、干花椒，以利油而不腻，增香入味。

香卤凤翅

特点
麻辣浓厚，肉鲜辣香。

味型 麻辣味 ⇒ **卤水类型** 豆瓣味**卤水**•••

卤品原料

凤翅5000克

码味原料配方

葱节300克	姜片200克	精盐150克	料酒500克
五香粉2克			

卤水配方

干辣椒节500克	干花椒200克	郫县豆瓣100克	八角10克
肉桂5克	山柰5克	丁香2克	豆蔻5克
肉豆蔻4克	砂仁15克	小茴2克	草果10克
月桂叶20克	葱颗300克	姜片100克	蒜米30克
洋葱颗50克	冰糖30克	精盐适量	胡椒粉10克
料酒500克	鸡精10克	糖色适量	味精3克
鲜汤适量	色拉油1000克	熟菜油1000克	

风味添加原料

熟辣椒面300克	花椒粉100克	熟芝麻粉30克	味精10克

制作工艺

（1）初加工

凤翅去残毛，治净。

（2）浸漂

凤翅入清水中浸漂1～5小时，捞出沥净水。

（3）码味

所有码味原料与凤翅拌匀、擦透，码味3～12小时。

（4）汆水

凤翅入沸水锅中汆一水，清水冲洗，沥净水。

（5）卤品制作

①郫县豆瓣稍剁，干辣椒节用少许熟菜油炒至椒干辣香，干花椒用微火焙酥，八角、肉桂掰成小块，豆蔻、肉豆蔻、砂仁拍破，草果去籽，所有原料用清水分别冲洗，沥净水。

②炒锅置中火上，加色拉油、熟菜油，烧至四成熟，放姜片、葱颗、蒜米、洋葱颗，炒至蒜呈金黄色时，下豆瓣酱，炒至豆瓣水汽快干，放豆蔻、八角、肉桂、丁香、山柰、砂仁、肉豆蔻、草果，小火炒至豆瓣酥香，投入小茴、月桂叶、冰糖，炒至香气四溢时放干辣椒、花椒拌匀，起锅入盛器中，凉后加盖，12小时后用丝漏过滤，料渣用两个香料袋装，油用盆盛装待用。

③取一卤水桶，放入洗净的竹篾笆，放香料袋、油、胡椒粉、精盐、料酒、糖色，掺入鲜汤，熬至香气四溢时投入凤翅，调入鸡精、味精，中火烧沸，撇净浮沫，改用小火卤至凤翅熟软，卤水桶移离火口，待凤翅在卤水浸泡20分钟后即可，香卤凤翅即已制成。

食用方法

熟芝麻粉、熟辣椒面、花椒粉、味精调匀，分成若干碟，凤翅改成块，入碗中，舀入卤水入桌，食客食用时每人一副一次性卫生手套，将凤翅蘸碟而食。

工艺关键
❋ 卤水中的鲜汤不宜多，以淹没凤翅为度。
❋ 凤翅应浸泡在卤水中保温。应趁热而食。

风味乳鸽

味型 五香味 ▷▷▷ **卤水类型** 白卤卤水

特点 肉鲜味香，回味悠长。

卤品原料

乳鸽10只（约5000克）

码味原料配方

葱节500克	姜片200克	干花椒3克	精盐150克
五香粉2克	料酒500克		

卤水配方

老姜500克	大葱300克	葱节200克	姜片100克
洋葱块	蒜瓣50克	八角10克	山柰5克
肉桂5克	丁香2克	草果10克	白芷2克
小茴5克	月桂叶20克	豆蔻5克	砂仁15克
肉豆蔻2克	干花椒2克	干辣椒节20克	胡椒粉10克
冰糖30克	精盐适量	料酒500克	鸡精10克
味精5克	鲜汤适量	色拉油500克	猪化油500克

制作工艺

（1）初加工

乳鸽入清水中闷死，去毛、内脏、鸽嗉、气管、食管、鸽爪，清洗干净。

（2）浸漂

乳鸽入清水中浸漂1～5小时去净血污，捞出沥净水。

（3）码味

码味原料入鸽嘴、鸽肚、鸽身抹匀擦透，码味3～12小时。

（4）汆水

乳鸽入沸水锅中汆一水，清水冲洗，沥净水。

（5）卤品制作

①老姜拍破，大葱挽结，干花椒焙酥，八角、肉桂掰成小块，白芷切碎，草果去籽，豆蔻、砂仁、肉豆蔻拍破，所有香料入清水中浸泡5~12小时，入清水锅中与干辣椒节汆一水、清水冲洗，沥净水，与花椒拌匀，用两个香料袋分装。

②取一卤水桶，放入洗净的竹箅笆。

③炒锅置中火上，加色拉油、猪化油，烧至六成油温，放入葱节、姜片、洋葱块、蒜瓣炒香，入卤水桶中，投入香料袋，老姜、大葱、胡椒粉、冰糖，掺入鲜汤，调入精盐、料酒、鸡精、味精，小火熬至香气四溢时放入乳鸽，中火烧沸，撇净浮沫，改用小火卤至鸽肉熟软时，卤水桶移离火口，待乳鸽在卤水中浸泡20分钟后捞出，晾凉，风味乳鸽即已制成。

食用方法

卤鸽斩成长约4~5厘米、宽约1.5~2厘米的块，淋入少许卤水即可。

工艺关键
- ❋ 炒洋葱块、葱节、姜片、蒜瓣时油温应烧至五六成热，以利增香。
- ❋ 精盐用量以卤水稍偏咸为度。

油香鹌鹑

特点
色泽鲜艳，肉鲜骨香。

味型 五香味 ⇨ **卤水类型** 红卤 **卤水**

卤品原料

鲜活鹌鹑20只（约5000克）

码味原料配方

| 葱节300克 | 姜片200克 | 精盐100克 | 料酒500克 |

　　五香粉2克

卤水配方

老姜500克	大葱300克	干辣椒节30克	干花椒5克
八角15克	肉桂8克	丁香3克	山奈3克
豆蔻2克	砂仁15克	草果10克	白芷3克
月桂叶15克	肉豆蔻5克	小茴3克	胡椒粉10克
精盐适量	料酒500克	冰糖50克	糖色适量
鸡精5克	味精3克	鲜汤适量	

风味添加原料

　　色拉油3000克

制作工艺

　　(1)初加工

　　鹌鹑宰杀,治净。

　　(2)浸漂

　　鹌鹑入清水中浸漂1～5小时,捞出沥净水。

　　(3)码味

　　所有码味原料与鹌鹑拌匀,码味2～6小时。

　　(4)汆水

　　鹌鹑入沸水锅中汆一水,清水冲洗,沥净水。

　　(5)卤品制作

　　①老姜拍破,大葱挽结,干花椒焙酥,八角、肉桂瓣成小块,草果去籽,白芷切碎,豆蔻、肉豆蔻、砂仁拍破。所有香料入清水中浸泡5～12小时,捞出,与干辣椒节一同入清水锅中汆一水,沥净水,与干花椒拌匀,用两个香料袋分装。

　　②取一卤水桶,放入洗净的竹箅笆、投入香料袋、老姜、大葱、冰糖、料酒、胡椒粉,掺入鲜汤,调入精盐、糖色,熬至香气四溢时放入鹌鹑、鸡精、味精,中火烧沸撇净浮沫,改用小火卤至鹌鹑熟软时,汤桶移离火口。待鹌鹑在卤水中浸泡20分钟后捞出,沥净卤水,晾凉。

③炒锅置中火上，烧热，加色拉油烧至五成油温，放入鹌鹑，炸至鹌鹑表皮酥香时即可，油香鹌鹑即已制成。

※ 鹌鹑需鲜活。

※ 炸制鹌鹑时，以表皮酥脆时即可。

酸辣鹅掌

 ▷▷▷ **卤水类型** 白卤卤水

特点 咸鲜味醇，酸香微辣。

卤品原料

鲜鹅掌1000克

码味原料配方

姜片100克	葱节150克	精盐20克	料酒100克
干花椒1克			

卤水配方

老姜200克	大葱300克	八角5克	山奈3克
肉桂5克	砂仁3克	月桂叶2克	泡萝卜400克
野山椒200克	胡椒粉3克	料酒30克	精盐少许
鸡精5克	味精1克	鲜汤适量	猪化油100克

风味添加原料

香辣酱100克	尖椒末50克	大头菜粒30克	香葱花40克

制作工艺

(1) 初加工

鹅掌去爪尖、洗净。

(2) 浸漂

鹅掌入清水中浸漂1~5小时，捞出沥净水。

(3) 码味

码味原料与鹅掌拌匀，码味2~6小时。

(4) 汆水

鹅掌入沸水中汆一水，清水冲洗，沥净水。

(5) 卤品制作

①老姜拍破，大葱挽结，泡萝卜切成条，野山椒去蒂稍剁碎，八角、肉桂掰成小块，所有香料入清水中浸泡5~8分钟，入清水锅汆一水，清水冲洗，沥净水，入香料袋中。

②炒锅置中火上，加猪化油烧至四成熟，下鹅掌炒至吐油，放泡萝卜、野山椒炒香，烹入料酒，入砂锅中，掺入鲜汤，放入香料袋、精盐、胡椒粉、老姜、大葱烧沸，撇净浮沫，改用小火煨至鹅掌熟软时拣去葱、姜、香料袋，调入鸡精、味精，酸辣鹅掌即已制成。

食用方法

砂锅上桌，香辣酱、尖椒末、大头菜粒、香葱花均匀放入若干碟中，舀入少许卤水调匀，锅内食物蘸碟而食。

工艺关键

❋ 泡萝卜应选咸香带酸，咸味适中，无空心、无异味，无腐烂的陈年泡萝卜为佳。

❋ 鲜汤不宜多，香料宜少用。

盐水玉兔

味型 五香味 ⇨ 卤水类型 白卤卤水 •••

卤品原料

仔兔3只（约5000克）

码味原料配方

葱节400克	姜片200克	精盐100克	料酒500克
五香粉2克			

卤水配方

老姜300克	大葱500克	八角10克	豆蔻3克
月桂叶10克	山奈4克	小茴3克	草果10克
肉桂5克	白芷3克	丁香1克	葱节150克
姜片200克	洋葱块300克	胡椒粉3克	精盐适量
料酒500克	冰糖30克	鸡精5克	味精5克
鲜汤适量	色拉油300克	猪化油200克	

制作工艺

（1）初加工

仔兔宰杀，治净。

（2）浸漂

仔兔入清水中浸漂3～6小时小时，捞出，沥净水。

（3）码味

码味原料与仔兔拌匀，码味3～8小时。

（4）汆水

仔兔入沸水锅中汆一水，清水冲洗，沥净水。

（5）卤品制作

①八角、肉桂掰成小块，豆蔻拍破，草果去籽，白芷切碎，所有香料入清水中浸泡5～12小时，入清水中汆一水，清水冲洗，沥净水，用两个香料袋分装。

②取一卤水桶，放入洗净的竹篾笆。

③锅置中火上，加色拉油、猪化油，烧至五成油温，放入葱节、姜片、洋葱块，炒香入卤水桶中，掺入鲜汤，放入胡椒粉、料酒、冰糖、老姜、大葱、香料袋，中火烧沸，改用小火熬至香气四溢时放入仔兔、精盐、鸡精、味精、旺火烧沸，撇净浮沫，小火卤至兔肉熟软时，卤水桶移离火口，待兔肉在卤水中浸泡20分钟后捞出，沥净卤水。晾凉，盐水玉兔即已制成。

食用方法

兔肉斩成块、舀入卤水即可食用。

工艺关键
* 仔兔需浸漂去血污、以利增香、增色。
* 用料不宜多，以保持咸鲜味香。

五香卤肉

味型
五香味 ▷▷▷ **卤水类型**
红卤**卤水**

特点 肉鲜味香，肥而不腻。

卤品原料

五花肋条肉5000克

码味原料配方

| 姜片150克 | 葱节200克 | 干花椒5克 | 精盐100克 |
| 料酒500克 | | | |

卤水配方

| 洋葱块200克 | 老姜300克 | 大葱300克 | 八角15克 |
| 肉桂8克 | 山柰5克 | 草果15克 | 丁香2克 |

豆蔻5克	砂仁15克	肉豆蔻5克	小茴3克
月桂叶15克	糖色适量	料酒300克	胡椒粉10克
冰糖30克	味精6克	鲜汤适量	精盐适量
鸡精8克			

风味添加原料

| 熟辣椒面50克 | 花椒面15克 | 熟芝麻粉15克 | 精盐3克 |
| 味精5克 | | | |

制作工艺

(1)初加工

五花肉去残毛，改成约200克重的块，洗净。

(2)浸漂

五花肉入清水中浸漂1~5小时，捞出，沥净水。

(3)码味

所有码味原料与肉块拌匀、码味2~8小时。

(4)汆水

五花肉入沸水锅中汆一水，清水冲洗，沥净水。

(5)卤品制作

①老姜拍破，大葱挽结，干花椒焙香，草果去籽，豆蔻、砂仁、肉豆蔻拍破，所有香料入清水中浸泡5~8小时，捞出，入清水锅中汆一水，清水冲洗，沥净水，与花椒、洋葱块拌匀用两个香料袋分装。

②取一卤水桶放入洗净的竹篦笆，投入香料袋、老姜、大葱、冰糖、胡椒粉、料酒、掺入鲜汤，中火烧沸，改用小火熬至香气四溢时下肉块、精盐、糖色、鸡精、味精，旺火烧沸撇净浮沫，改用小火卤至五花肉熟软时，卤水桶移离火口，待肉块在卤水中浸泡20分钟后捞出，晾凉，五香卤肉即已制成。

食用方法

(1)五花肉切成片，入盘舀入少许卤水,即可。

（2）五花肉切成片、入盘，熟辣椒面、花椒面、熟芝麻粉、精盐、味精、拌匀，入若干碟中，肉片蘸碟而食。

工艺关键
❋ 应选皮嫩膘薄，肌肉光亮，富有弹性的五花肉为佳。
❋ 肉块不易上色，卤水应用糖色调成深红色。

卤香耳

特点
色泽红艳，肉香脆爽，佐酒佳肴。

味型 五香味 　**卤水类型** 红卤**卤水** ...

卤品原料

猪耳5000克

码味原料配方

精盐150克	五香粉3克	料酒300克	葱节300克
姜片100克	干花椒2克		

卤水配方

八角15克	山柰15克	肉桂10克	丁香2克
小茴2克	砂仁20克	月桂叶10克	白芷5克
老姜300克	大葱400克	姜片150克	葱节200克
洋葱块150克	蒜瓣100克	精盐适量	料酒200克
胡椒粉5克	糖色适量	干辣椒节20克	干花椒10克
冰糖30克	鸡精10克	味精5克	鲜汤适量
色拉油300克	猪化油300克		

风味添加原料

香油200克	熟芝麻粉10克	熟辣椒面50克	花椒面10克

精盐10克　　　　　　味精3克

制作工艺

（1）初加工

猪耳去残毛、耳垢、耳根肥肉，治净。

（2）浸漂

猪耳入清水中浸漂2~6小时，捞出，沥净水。

（3）码味

码味原料入猪耳抹匀擦透，码味2~8小时。

（4）汆水

猪耳入沸水锅中汆一水，清水冲洗，沥净水。

（5）卤品制作

①八角、肉桂掰成小块，砂仁拍破，所有香料入清水中浸泡5~12小时，捞出，入清水锅中与干辣椒、花椒一同汆一水，清水冲洗，沥净水，用两个香料袋分装。

②取一卤水桶，放入竹篾笆。

③锅置中火上，加色拉油，猪化油烧至五成油温，放入葱节、姜片、洋葱块、蒜瓣炒香，入卤水桶中，掺入鲜汤，置中火上，下香料袋、老姜、大葱、胡椒粉、冰糖、精盐、料酒、糖色，小火熬至香气四溢时放入猪耳、鸡精、味精，旺火烧沸，撇净浮沫。小火卤至猪耳熟软时卤水桶移离火口，待猪耳在卤水中浸泡15分钟后捞出稍凉，刷上香油，卤香耳即已制成。

食用方法

香耳切成片，入盘，将熟辣椒面、花椒面、精盐、味精、熟芝麻粉、精盐拌匀，入碟，耳片蘸碟而食。

工艺关键

❋ 卤水色泽用糖色调成深红色为佳。

❋ 猪耳卤至成熟后，需趁热（但水汽已干）刷上香油为佳。

鲜椒拌卤肉

味型
麻辣味　▷▶▷　卤水类型　**白卤卤水**

特点　麻辣鲜醇，肉香椒鲜，风味别致。

卤品原料

猪腿肉3000克

码味原料配方

精盐60克	葱节200克	姜片100克	料酒200克

卤水配方

老姜300克	大葱200克	八角15克	肉桂10克
丁香2克	草果10克	山柰3克	月桂叶10克
精盐适量	胡椒粉3克	料酒100克	鸡精10克
味精3克	鲜汤适量		

风味添加原料

鲜红小米椒300克	香油300克	辣椒油300克	精盐5克
鲜青小米椒200克	香葱花40克	花椒粉20克	味精5克

制作工艺

(1)初加工

猪腿肉去残毛、刮净，改成重约200克的块。

(2)浸漂

猪腿肉入清水中浸漂1~3小时，捞出、沥净水。

(3)码味

码味原料入肉块中抹匀擦透，码味1~5小时。

(4)氽水

肉块入沸水锅中氽一水，清水冲洗沥净水。

(5)卤品制作

①老姜拍破，大葱挽结，草果去籽，八角、肉桂掰成小块。所有

香料入清水中浸漂5~8小时。捞出，入清水锅中汆一水，捞出，清水冲洗，沥净水，用两个香料袋分装，鲜青、红小米椒去蒂、洗净、切成圆圈，与精盐拌匀，腌渍10分钟。

②取一卤水桶，放入香料袋、老姜、大葱、胡椒粉、精盐、料酒、鸡精、味精，掺入鲜汤，置火上熬至香气四溢时，将肉块皮朝下，入卤水中，中火烧沸撇净浮沫，改用小火卤至肉块成熟时，卤水桶移离火口，待卤肉在卤水中浸泡10~20分钟后捞出，沥净卤水，凉后，片成长约8厘米、宽约4厘米的片。

③复制酱油、香油、味精、辣椒油、花椒粉、卤水调匀，放入卤肉，加青、红小米椒、香葱拌匀，即成鲜椒拌卤肉。

工艺关键
❋ 香料用量宜少，以保持卤肉的清鲜味。
❋ 肉块卤制时间以肉刚成熟时为佳，不宜卤至熟软。

孜然羊蹄 ⇨

特点
色泽红艳，肉质软糯，孜香味浓，风味独特。

味型 孜然味 ⇨ **卤水类型** 豆瓣味卤水 •••

卤品原料
　　羊蹄3000克

码味原料配方

| 干花椒5克 | 葱节200克 | 姜片150克 | 精盐60克 |
| 料酒500克 | 五香粉3克 | | |

卤水配方

郫县豆瓣500克	葱节100克	姜片150克	蒜瓣50克
干辣椒节300克	干花椒30克	八角15克	肉桂8克
山奈10克	丁香2克	月桂叶20克	小茴5克
草果10克	砂仁20克	料酒500克	冰糖30克
糖色少许	精盐适量	胡椒粉20克	鸡精10克
味精2克	鲜汤适量	熟菜油1000克	

风味原料配方

孜然粉50克　　　　香菜末30克

制作工艺

(1)初加工

羊蹄用火烧至表皮起黑色硬壳时，入温水中浸泡至软后刮洗干净。

(2)浸漂

羊蹄入清水中浸漂去血污，浸漂时间夏天3～5小时，冬天6～8小时，捞出、沥净水。

(3)码味

码味原料入羊蹄中抹匀擦透，码味6～12小时。

(4)汆水

羊蹄入清水锅中汆一水，捞出，清水冲洗，沥净水。

(5)卤品制作

①郫县豆瓣稍剁碎，干花椒、干辣椒节分别用微火焙酥。八角、肉桂掰成小块，草果、砂仁拍破，八角、肉桂、山奈、丁香、小茴、月桂叶、草果、砂仁用清水分别冲洗，沥净水。

②锅置中火上，加熟菜油烧至四成油温，放葱节、姜片、蒜瓣炒香，加郫县豆瓣、冰糖，炒至豆瓣水汽快干时下香料炒香，加干辣椒、花椒拌匀，入盛器中，12小时后用两个香料袋分装，此时有油渗出，油入盛器中待用。

③取一卤水桶，放入香料袋、油、掺入鲜汤，调入精盐、胡椒粉、料酒、糖色、鸡精、味精，置火上熬出香味，下羊蹄，中火烧沸，撇净

浮沫，改用小火卤至羊蹄熟软，卤水桶入微火上进行保温。

④羊蹄入盛器中，舀入少许卤水，调入孜然粉，撒上香菜即可。

食用方法

羊蹄上桌、食客每人一副食用手套即可。

工艺关键
◉ 豆瓣、香料需炒香。
◉ 羊蹄应趁热食用。

油卤牛毛肚

味型 **麻辣味** ▶▶▶ 卤水类型 油卤 **卤水**

特点 色泽红亮，质脆嫩爽，麻辣鲜香。

卤品原料

牛毛肚500克

卤水配方

干辣椒节1000克	干花椒100克	老姜300克	大葱200克
葱节100克	蒜瓣30克	姜片100克	洋葱块30克
草果10克	豆蔻5克	肉桂5克	八角10克
山柰2克	小茴3克	月桂叶15克	肉豆蔻2克
砂仁10克	丁香1克	胡椒粉3克	精盐适量
料酒300克	米酒100克	冰糖15克	鸡精10克
色拉油1000克	味精5克	鲜汤适量	熟菜油1000克

风味添加原料

白糖1克	蒜泥5克	花椒粉3克	味精1克

辣椒油20克　　　　　香葱花3克

制作工艺

（1）初加工

毛肚去筋膜，改成长约8厘米、宽约5厘米的块洗净。

（2）卤品制作

①干花椒加500克干辣椒节用少许色拉油，用微火分别焙酥，老姜拍破，大葱挽结，草果去籽，肉豆蔻、砂仁拍破，八角、肉桂、掰成小块，所有香料用清水分别冲洗，沥净水。所余干辣椒节入清水锅中稍煮，清水冲洗，沥净水，剁成茸，即成糍粑辣椒。

②锅置中火上，加色拉油、熟菜油、烧至四成油温，下洋葱块、葱节、姜片、蒜瓣、豆蔻、小茴炒香，放八角、肉桂、山奈、丁香、砂仁、草果、肉豆蔻炒香，加糍粑辣椒，炒至色红油亮，辣香味浓时放月桂叶，炒香，下干辣椒、干花椒、翻匀起锅，12小时后用两个香料袋分装，油入盛器中待用。

③取一卤水桶放入香料袋、精盐、料酒、胡椒粉、冰糖、米酒、鸡精、味精，掺入鲜汤，熬至香气四溢时，即成新卤水。

④白糖、蒜泥、花椒粉、味精、辣椒油入若干碗中，舀入少许卤水。

⑤卤水烧沸，毛肚入竹漏子中，放进卤水中卤至刚成熟时倒入碗中，撒上香葱花，油卤牛毛肚即已制成。

工艺关键

❋ 应选肚叶厚实、叶多、质脆、肚梗薄的毛肚为佳。

❋ 油卤牛毛肚宜现卤现卖，以利其鲜香脆爽。

辣香豆筋

味型 红油味 ⇨ 卤水类型 白卤卤水 •••

卤品原料

干豆筋300克

卤水配方

老姜200克	大葱300克	山奈5克	砂仁10克
草果5克	八角5克	肉桂3克	丁香2克
月桂叶2克	小茴3克	胡椒粉3克	精盐适量
鸡精5克	鲜汤适量		

风味添加原料

辣椒油20克	白糖1克	香油3克	味精1克
香葱花15克	色拉油1000克（实耗50克）		

制作工艺

（1）初加工

干豆筋入清水中浸泡至软，对剖切成长约4厘米的节，锅置中火上，加色拉油，烧至六成油温，放入豆筋炸至表皮起泡、皮酥时捞出，沥净油。

（2）卤品制作

①老姜拍破，大葱挽结，砂仁拍破，草果去籽，八角、肉桂掰成小块，所有香料入清水中浸泡3～6小时，入清水锅中汆一水，清水冲洗，沥净水，入香料袋中。

②取一卤水桶，放入香料袋、老姜、大葱、精盐、胡椒粉、鸡精，掺入鲜汤，置火上熬出香味后下豆筋，小火卤至入味，卤水桶移离火口，待豆筋在卤水中浸泡10~20分钟后捞出，沥净卤水，稍凉。

③辣椒油、白糖、香油、味精、少许卤水调匀成味汁，放入豆筋，撒上香葱花拌匀即成辣香豆筋。

工艺关键

◈ 应选色泽光亮，豆香味浓，无虫蛀，无霉烂的豆筋为佳。

◈ 香料、鲜汤不宜太多，以利清鲜、味浓。

油香豆腐皮

味型 麻辣味 ▷▶▶ **卤水类型** 红卤卤水

特点 麻辣味醇，鲜香细嫩，风味别致。

卤品原料

鲜豆腐皮10张

卤水配方

老姜200克	大葱500克	洋葱块300克	干辣椒节20克
八角10克	肉桂3克	草果10克	山奈2克
丁香3克	豆蔻3克	甘草1克	月桂叶1克
冰糖10克	糖色适量	精盐适量	鸡精5克
味精2克	鲜汤适量	色拉油1000克	

风味添加原料

红油500克	花椒油100克	香油20克	葱花30克
酥花仁颗粒50克	熟芝麻10克		

制作工艺

（1）初加工

豆腐皮洗净，切成长约10厘米，宽约0.5厘米的条。

（2）卤品制作

①老姜拍破，大葱挽结，八角、肉桂掰成小块，草果去籽，豆蔻、砂仁拍破，甘草切碎，八角、肉桂、甘草、山奈、丁香、月桂叶、草果、豆蔻、砂仁入清水中浸泡3~5小时，捞出与干辣椒节一同入清水锅中氽一水，清水冲洗，沥净水，与老姜、大葱、洋葱块拌匀，用两个香

料袋分装。

②炒锅置中火上，烧热，加色拉油，待油温升至三成热时，逐一下豆腐皮，炸至表皮发硬时捞出，沥净油。

③取一卤水锅，放入香料袋、胡椒粉、冰糖，掺入鲜汤，烧沸，调入精盐、糖色，小火熬至香气四溢时下豆腐皮、鸡精、味精，中火烧沸，撇净浮沫，改用小火卤至豆腐皮入味时，卤水锅移离火口，待豆腐皮在卤水中浸泡20分钟后捞出，沥净卤水。

④豆腐皮入盛器中，舀入少许卤水，放入红油、花椒油、香油和匀，撒上葱花、酥花仁颗粒、熟芝麻拌匀，油香豆腐皮即已制成。

工艺关键
* 应选豆香浓郁，厚薄均匀，新鲜、无异味的豆腐皮为佳。
* 豆腐皮鲜味浓郁，香料用量宜少。

五香蚕豆 ⇒

特点 咸香清鲜，软糯味醇。

味型 五香味 ⇒ 卤水类型 白卤 卤水 ....

卤品原料

嫩蚕豆500克

卤水配方

葱节100克	姜片50克	洋葱块50克	砂仁6克
丁香2克	山柰3克	草果5克	肉桂2克
八角3克	胡椒粉1克	精盐适量	鸡精1克
味精1克	色拉油200克	鲜汤适量	

风味添加原料

　　香油5克　　　　　　　味精1克　　　　　　　精盐2克

制作工艺

　　（1）初加工

　　蚕豆洗净。

　　（2）卤品制作

　　①砂仁拍破，草果去籽，八角、肉桂掰成小块，所有香料入清水中浸漂3~5小时，入清水锅中氽一水，清水冲洗，沥净水，入香料袋中。

　　②取一卤水桶洗净。

　　③锅置中火上，加色拉油，烧至四成熟，下葱节、姜片、洋葱块炒香，入卤水桶中，放入香料袋、精盐、胡椒粉、鸡精、味精，掺入鲜汤，置中火上熬出香味后下蚕豆，中火烧沸，撇净浮沫，小火卤至蚕豆熟软时捞出，稍凉。

　　④蚕豆入盛器中，调入香油、精盐、味精，拌匀，即成五香蚕豆。

工艺关键
　※ 香料应少，以利保持原料清鲜。
　※ 应选色泽草绿，新鲜、无异味的蚕豆为佳。

飘香方竹笋

味型 红油味　▷▶▶　**卤水类型** 豆瓣味**卤水**

特点 辣香味鲜，质脆嫩爽。

卤品原料

　　干方竹笋500克

卤水配方

　　郫县豆瓣50克　　　干辣椒节20克　　　大葱100克　　　老姜50克

冰糖5克	草果5克	肉桂3克	八角5克
山奈2克	砂仁5克	丁香1克	胡椒粉1克
精盐适量	鲜汤适量	味精2克	色拉油250克

风味添加原料

| 红油30克 | 香油3克 | 白糖1克 | 味精1克 |
| 酥花仁30克 | 香葱花5克 | | |

制作工艺

(1) 初加工

干方竹笋入清水锅中煮沸，置盆中，涨发至透，取其嫩脆部位撕成条，入清水锅中氽一水，清水冲洗，沥净水。

(2) 卤品制作

①郫县豆瓣稍剁，老姜拍破，大葱挽结，干辣椒节用微火焙香，草果去籽，八角、肉桂掰成小块。所有香料用清水分别冲洗，沥净水。

②锅置中火上，加色拉油，烧至四成油温，下郫县豆瓣、香料、冰糖炒香，放入干辣椒节拌匀起锅，12小时后入香料袋中。

③取一卤水桶，放入老姜、大葱、香料袋、胡椒粉、精盐，掺入鲜汤，调入味精，置火上熬至香气四溢时下方竹笋，卤入味后捞出，稍凉。

④红油、香油、白糖、味精、少许卤水调成汁，加方竹笋、拌匀，撒入酥花仁、香葱花和匀，即成飘香方竹笋。

工艺关键

❉ 干方竹笋需提前几天涨发，中途每天换水两三次至发透。

❉ 豆瓣、香料需炒香，方竹笋应卤至入味。

五香脆花仁 ⇒

特点
咸味味香，质地脆嫩。

味型 五香味 ⇒ **卤水**
类型 白卤**卤水** …

卤品原料

花生仁1000克

卤品配方

老姜300克	大葱500克	洋葱块200克	干辣椒节20克
干花椒2克	八角5克	肉桂3克	山奈2克
砂仁3克	月桂叶1克	丁香1克	草果5克
精盐适量	胡椒粉2克	味精3克	清水适量

制作工艺

（1）初加工

花仁应挑选，去掉泥沙、杂质、霉变花仁。

（2）浸泡

花仁入清水中浸泡12~24小时，中途换水三四次。

（3）卤品制作

①老姜拍破，大葱挽结，干花椒焙香，八角、肉桂掰成小块，砂仁拍破，草果去籽，八角、肉桂、山奈、砂仁、月桂叶、丁香、草果入清水中浸泡5~8小时，捞出与干花椒、干辣椒节一同入清水锅中汆一水，捞出，清水冲洗，沥净水，与干花椒、洋葱块拌匀，用两个香料袋分装。

②取一砂锅，放入香料袋、老姜、大葱、胡椒粉，掺入清水，调入精盐烧沸，用小火熬至香气四溢时下花仁，中火烧沸，卤至花仁刚成熟时，砂锅移离火口，待花仁在卤水中浸泡20分钟后加味精，捞出花仁，沥净卤水，五香脆花仁即已制成。

**工艺
关键**

❋ 应选色呈桃红，颗粒均匀，完整质干，无霉烂，无杂质的花仁为佳。
❋ 浸泡花生时，清水应多，以免花仁涨发后还有一部分浮在水面上。
❋ 卤制时间不能太长，以免影响花仁的爽脆度。

第二节 川味凉菜菜肴实例

麻辣土龙虾

味型 麻辣味 ▷▷▷ **烹饪技法** 炒

特点 色红汁亮，肉嫩味鲜，麻辣诱人。

原料组成配方

（1）主料

土龙虾500克

（2）调助料

郫县豆瓣100克	干辣椒节50克	干花椒20克	精盐30克
葱节20克	姜片15克	蒜米10克	姜末15克
葱末10克	豆豉5克	料酒30克	米酒15克
白糖3克	胡椒粉2克	五香粉5克	鸡精2克
味精1克	香菜3克	鲜汤150克	红油200克

制作工艺

（1）烹前工作

土龙虾用刷子刷净外壳表面，去沙腺、头壳、绒毛、污物，在虾背上轻划一刀，虾腿拍破，洗净，沥水，加葱节、姜片、精盐、料酒和匀，码味5分钟左右，入沸水锅中氽一水，捞出，清水冲洗，拣去葱、姜，豆瓣剁细。

（2）菜品烹制

炒锅置中火上，加红油，烧至四成油温，放蒜米稍炒，下豆瓣酱、豆豉，炒至豆瓣酥香时加干辣椒节、花椒、土龙虾炒香，掺入鲜汤，调入五香粉、白糖、精盐、胡椒粉、米酒，中火烧入味，待汁浓味鲜时，加葱末、姜末、鸡精、味精推匀，起锅入盛器中，撒上香菜，麻辣土龙虾即已制成。

工艺关键

❋ 为了入味，在龙虾背上轻划一刀，但不能将肉划烂。

❋ 炒虾时，鲜汤不宜多，以利味浓、鲜醇。

椒盐河虾 ⇨

特点
咸鲜麻醇，酥香化渣。

味型 **椒盐味** ⇨ 烹饪技法 **炸** ···

原料组成配方

（1）主料

鲜河虾500克

（2）调助料

干花椒3克	精盐5克	鸡蛋1个	干细淀粉50克
料酒20克	味精1克	熟菜油1000克	

制作工艺

（1）烹前工作

①河虾入清水中稍喂养，去净杂质、泥沙，洗净，沥水。

②干花椒去枝蒂、椒目，入锅中用微火炒香。精盐入锅中炒去水汽，晾凉。精盐、花椒磨成粉加味精制成椒盐。干细淀粉、鸡蛋液调匀成全蛋糊，河虾加少许精盐、料酒、全蛋糊拌匀。

（2）菜品烹制

炒锅置中火上，烧热，加熟菜油，烧至六七成油温，河虾抖散入锅中，炸散籽时，改用小火炸至河虾酥脆时捞出，沥净油，入盘，撒上椒盐即可。

 ● 应选新鲜，无异味，无杂质的河虾为佳。

● 控制好油温和火候。

辣子田螺

味型 **麻辣味** ▷▷▷ 烹饪技法 **炒**

特点 麻辣香醇，肉嫩味鲜。

原料组成配方

（1）主料

鲜活田螺500克

（2）调助料

干辣椒节100克	干花椒20克	郫县豆瓣150克	葱节30克
姜片20克	蒜米20克	五香粉10克	豆豉5克
料酒100克	白糖5克	米酒15克	精盐10克
胡椒粉5克	鸡精10克	味精2克	鲜汤500克
熟菜油300克			

制作工艺

（1）烹煎工作

田螺入清水中，加少许精盐、喂养1～2天，用刷子刷净螺壳表面，用钳子剪去顶端处，去掉污物，洗净，沥水，加葱节、姜片、精盐、料酒和匀码味10分钟，入清水锅中氽一水，清水冲洗，沥净水。郫县豆瓣剁细。

（2）菜品烹制

炒锅置中火上，加熟菜油，烧至三四成油温，放葱节、姜片、蒜米、郫县豆瓣、豆豉炒至豆瓣酥香，下田螺、干辣椒、花椒翻炒，掺入鲜汤，调入胡椒粉、五香粉、白糖、精盐、米酒，烧至田螺熟透入味时，旺火翻炒至汁浓味鲜时加鸡精、味精起锅入盘，辣子田螺即制成。

工艺关键
❋ 应选肉呈浅黄色（浅白色的稍次），个体均匀的田螺为佳。
❋ 死田螺、田螺未熟透的对人体有害，不能食用。

麻辣酥鱼

特点 色泽艳丽，肉嫩骨酥，麻辣鲜香。

味型 麻辣味　⇒　**烹饪技法** 炸……

原料组成配方

（1）主料

鲜活鲫鱼10尾（约500克）

（2）调助料

葱节10克	姜片8克	精盐5克	料酒20克
熟辣椒面30克	花椒粉10克	白糖2克	干细淀粉20克
味精2克	色拉油1000克（实耗50克）		

制作工艺

（1）烹前工作

鲫鱼剖腹、去鳞、鳃、内脏，清洗干净，在鱼身两面各划一字形2～3刀，加葱节、姜片、精盐、料酒拌匀，码味腌渍20分钟，擦净鱼身，扑上干细淀粉。

（2）菜品烹制

①锅置旺火上，加色拉油烧至七成油温，下鲫鱼，稍炸定型，再入油锅中炸至色泽金黄，外酥内嫩时捞出，沥净油。

②锅置火上，加色拉油烧至四成油温，放精盐、熟辣椒面、白糖，稍炒，下鲫鱼、花椒粉、味精翻匀即可。

工艺关键
* 应选个体均匀，每尾约为50克重的鲫鱼为佳。
* 炸鱼时正确控制好火候和油温。

豆豉鱼

 **味型** **咸鲜味** ▷▷▷ **烹饪技法** **炒收**

特点 豉香味浓，骨酥肉鲜。

原料组成配方

（1）主料

鲫鱼10尾（约500克）

（2）辅料

豆豉50克

（3）调助料

葱节20克	姜片10克	精盐3克	胡椒粉1克
料酒30克	糖色10克	味精2克	鲜汤100克
色拉油1000克（实耗100克）			

制作工艺

（1）烹前工作

①鲫鱼剖杀，去鳞、鳃、内脏清洗干净，在鱼身两面各划一字形2～3刀，加葱节、姜片、精盐、料酒拌匀、腌渍码味20分钟。

②锅置火上，加少许色拉油烧热，放入豆豉炒至酥香起锅待用。

（2）菜品烹制

①锅置旺火上，加色拉油，烧至七成油温，放入鲫鱼炸至色泽金黄时捞出，沥净油。

②锅置中火上，掺入鲜汤，调入精盐、糖色、胡椒粉，放入鲫鱼，待汁快干时下豆豉，烧至亮油汁干时加味精起锅，豆豉鱼即已制成。

工艺关键

❋ 控制好炸鱼的火候和油温，鲜汤用量应适度。

❋ 豆豉应炒酥。

香酥鱼片 ⇨

特点
色泽金黄，咸鲜酥香。

味型 咸鲜味 ⇨ **烹饪技法** 炸 •••

原料组成配方

（1）主料

鲜活草鱼1尾（约1000克）

（2）辅料

炼乳100克

（3）调助料

葱节20克	姜片20克	精盐2克	料酒50克
干细淀粉30克	面包糠100克	全蛋糊100克	
色拉油1000克（实耗100克）			

制作工艺

（1）烹前工作

①草鱼剖杀治净，取下两扇鱼肉，片成长约6厘米，宽约5厘米，厚约0.2厘米的片，加葱节、姜片、精盐、料酒拌匀，腌渍码味20分钟。

②鱼片擦净，扑上一层干细淀粉，用刀背捶成薄片，入全蛋糊中拌匀，均匀裹上一层面包糠，用力压平。

（2）菜品烹制

锅置中火上，加色拉油烧至六成油温，下鱼片稍炸定型，再入锅炸至色泽金黄，外酥内嫩时捞出，沥净油，稍凉斩成条，入盘中，炼乳入碟，蘸碟而食。

工艺关键
* 鱼片应厚薄均匀，大小一致。
* 精盐用量应适度，不得突出咸味。
* 炸制时应控制好油温和火候。

椒盐带鱼

 味型 椒盐味 ▷▷▷ 烹饪技法 炸

 特点 外酥内嫩，咸鲜麻香。

原料组成配方

（1）主料

带鱼250克

（2）调助料

葱节20克	姜片15克	料酒20克	精盐3克
椒盐10克	味精1克	全蛋糊100克	

色拉油1000克（实耗50克）

制作工艺

(1) 烹前工作

带鱼去头、尾、鳍，刮净粉鳞，剖腹去内脏、黑膜，清洗干净，斩成长约5厘米的段，加精盐、葱节、姜片、料酒拌匀，腌渍码味10分钟，擦净水分，入全蛋糊中拌匀。

(2) 菜品烹制

锅置中火上，加色拉油，烧至六成油温，带鱼抖散放入锅中稍炸定型，再入锅中炸至色泽金黄，外酥内嫩时捞出，沥净油。带鱼入锅中，投入椒盐、味精翻匀即可。

工艺关键
❋ 粉鳞、内脏、黑膜应去净。
❋ 掌握挂糊的稠度和控制火候和油温。

麻辣鳅鱼

特点
麻辣鲜香，滋润化渣，回味悠长。

味型 麻辣味 ⇨ **烹饪技法** 炸收 ···

原料组成配方

(1) 主料

鲜活鳅鱼500克

(2) 调助料

葱节20克	姜片10克	葱段20克	姜块20克
精盐5克	熟辣椒面50克	花椒粉15克	白糖2克
料酒30克	米酒10克	胡椒粉2克	糖色10克
味精2克	鲜汤150克	香油2克	色拉油1000克（耗150克）

制作工艺

(1)烹前工作

①鳅鱼入清水中喂养1～2天，吐净泥沙，宰杀去内脏清洗干净，加葱节、姜片、料酒、精盐拌匀，腌渍码味10分钟，姜块拍破。

②锅置旺火上，加色拉油，烧至六成油温，鳅鱼抖散分批次炸至色泽金黄，酥脆干香时捞出，沥净油。

(2)菜品烹制

锅置中火上，加色拉油烧至四成油温，放入葱段、姜块炒香，掺入鲜汤，调入精盐、白糖、米酒、胡椒粉、糖色，投入鳅鱼，烧沸撇净浮沫，转用小火烧至汁干亮油时，拣去姜片、葱段，加辣椒面、花椒粉翻炒至香，调入味精，淋入香油，翻匀入盘，麻辣鳅鱼即已制成。

工艺关键
* 鳅鱼应炸至水汽已干，酥脆鲜香。
* 下辣椒面、花椒粉时应待锅内水汽已干、收汁、亮油时方可投入。

鲜椒鳝丝

味型 麻辣味 ▷▷▷ **烹饪技法** 拌

特点 肉质鲜嫩，麻辣清香。

原料组成配方

(1)主料

鲜鳝片300克

(2)辅料

子姜100克　　鲜红小米椒50克

(3)调助料

| 鲜花椒15克 | 葱节15克 | 姜片10克 | 精盐5克 |
| 料酒20克 | 白酱油10克 | 白糖3克 | 味精1克 |

色拉油50克

制作工艺

(1)烹前工作

①鲜鳝片洗净，切成长约7厘米、宽约0.3厘米的丝，加葱节、姜片、精盐、料酒拌匀，腌渍码味10分钟。子姜洗净，切成长约6厘米、宽约0.2厘米，厚约0.2厘米的丝，加精盐拌匀。鲜红小米椒洗净、去蒂、切成圆圈、加精盐拌匀，鲜花椒洗净。

②锅置中火上，掺入清水，烧沸后放入鳝丝烫至成熟捞出，沥净水，晾凉。精盐、白酱油、白糖、味精调匀成味汁。

(2)菜品烹制

①取一盛器，放入姜丝、鳝丝，淋入味汁，鲜红小米椒、鲜花椒置上。

②锅置中火上，加色拉油，烧至五成油温淋入鲜花椒上，食时拌匀。

工艺关键

❋ 死鳝鱼、鳝鱼未熟透对人体有害，不得食用。

❋ 淋油时油温以五成熟为佳。

棒棒鸡 ⇨

特点
鸡肉鲜嫩，麻辣爽口。

味型 麻辣味 ⇨ **烹饪技法** 拌 •••

原料组成配方

(1)主料

仔公鸡1000克

(2)辅料

马耳朵形葱50克

（3）调助料

大葱150克	姜块100克	干花椒1克	精盐5克
料酒30克	胡椒粉1克	油酥豆豉3克	白酱油20克
白糖3克	芝麻酱5克	酥花仁10克	熟芝麻5克
味精2克	红油150克	花椒油10克	

制作工艺

（1）烹前工作

①仔公鸡宰杀，去毛，刮腹，去内脏、嘴壳、鸡嗉、硬喉，斩去凤爪，洗净。大葱挽结，姜块拍破，油酥豆豉剁细，酥花仁去皮压成颗粒状。

②锅置中火上，掺入清水，放入大葱、姜块、干花椒、料酒、胡椒粉，烧沸。投入仔公鸡，汤开后撇净浮沫，改用小火煮至鸡肉刚成熟时移离火口，待鸡肉在汤中浸泡20分钟后捞出，晾凉。为使鸡肉松软用小木搥轻击鸡身各部位。芝麻酱、白酱油、白糖、精盐、冷鸡汤、油酥豆豉、味精、红油、花椒油调匀成味汁。

（2）菜品制作

刀置鸡身上，用木搥击打刀背，将鸡斩成块，入盛器中、放入马耳朵形葱，淋入味汁，撒入酥花仁、熟芝麻即可。

工艺关键
❋ 应选体重为1000克以下的仔土公鸡为佳。
❋ 煮鸡肉时应用小火，以利鸡肉细嫩。

腊 鸡

味型 咸鲜味 ▶▶▶ **烹饪技法** 腌、腊、蒸

特点 鸡鲜味美，腊香浓郁。

原料组成配方

（1）主料

土公鸡1只（约2000克）

（2）调助料

精盐50克	胡椒粉2克	料酒50克	五香粉1克
干花椒1克	白糖10克	味精1克	香油5克

制作工艺

（1）烹前工作

鸡宰杀，去毛、内脏、爪尖，治净，用细铁签在鸡身各部位轻扎。精盐炒热晾凉。

（2）菜品制作

①精盐、胡椒粉、料酒、白糖、五香粉、干花椒入鸡身表面、腹内、抹匀擦透，入缸中腌渍4天，中途上下翻匀三四次捞出。用两根竹条将腹部撑开，双翅反扭，细麻绳套牢颈部，悬挂于阴凉、洁净、通风处晾干，腊鸡即已制成。

②食用时，温水洗净，于笼中蒸熟，凉后斩成条，调入香油、味精，拌匀即可。

工艺关键

❋ 应选土公鸡为佳。

❋ 码味时，腹腔和肉厚部位调料用量稍多。

口水鸡

味型 麻辣味 ⇨ **烹饪技法** 拌 ···

原料组成配方

（1）主料

仔公鸡1只（约1000克）

（2）调助料

姜块50克	大葱30克	葱节15克	姜片10克
干辣椒节10克	干花椒3克	精盐5克	料酒20克
花生酱10克	五香粉1克	白酱油20克	醋3克
油酥豆瓣10克	白糖3克	油酥豆豉5克	香葱花10克
油酥花仁30克	熟芝麻3克	味精1克	熟菜油5克
香油3克	花椒油5克	红油100克	

制作工艺

（1）烹前工作

①仔公鸡宰杀，去毛，去内脏，去凤爪，清洗干净。葱节、姜片、精盐、料酒、五香粉和匀，于鸡腹内和鸡身表面抹匀、擦透，腌渍码味20分钟。姜块拍破，大葱挽结。干辣椒节加熟菜油入锅中用微火焙至干辣香，花椒用微火焙酥，干辣椒、花椒用刀铡细成刀口椒。油酥豆豉剁细，油酥花仁去皮压成颗粒状。

②锅置中火上，注入清水，放入大葱、姜块、几粒干花椒、料酒，烧沸，放入仔公鸡，烧沸后撇净浮沫，改用小火煮至鸡肉成熟，移离火口，待鸡肉在汤中浸泡20分钟后捞出，晾凉。

（2）菜品烹制

①精盐、白酱油、油酥豆瓣、豆豉、花生酱、醋、白糖、少许冷鲜鸡汤、味精拌匀成味汁。

②鸡肉去大骨斩成块，加入味汁，调入刀口椒、香油、花椒油、红油，撒入酥花仁、熟芝麻、葱花，拌匀即可。

工艺关键

❋ 煮鸡时用小火，时间不宜太长，以刚熟为佳。
❋ 醋只起增鲜的作用，用量宜少。

怪味鸡块

味型 怪味　▷▶▷　**烹饪技法** 拌

特点 鸡肉细嫩，咸、甜、酸、辣兼备，麻辣鲜香，回味无穷。

原料组成配方

（1）主料

仔土公鸡1只（约1000克）

（2）辅料

马耳朵形葱50克

（3）调助料

老姜50克	大葱100克	葱节15克	姜片10克
料酒30克	五香粉12克	精盐3克	白酱油10克
复制红酱油30克	芝麻酱20克	花生酱10克	醋10克
花椒粉5克	白糖5克	熟芝麻5克	酥花仁20克
红油100克	香油5克		

制作工艺

（1）烹前工作

①土鸡宰杀去毛，去内脏，治净，加葱节、姜片、五香粉、精盐、料酒拌匀，入鸡身表面和腹腔内抹匀，腌渍码味30分钟，老姜拍破，大

葱挽结，酥花仁去皮压成颗粒状。

②锅置旺火上，掺入清水，放入老姜、大葱、仔鸡，烧沸，撇净浮沫，改用小火煮至鸡肉成熟，移离火口，待鸡肉在汤汁中浸泡20分钟后捞出，晾凉。

（2）菜品烹制

①芝麻酱、花生酱用白酱油、红酱油调成糊状，加精盐、醋、花椒粉、白糖、红油、调成味汁。

②马耳朵形葱入盘中垫底，鸡肉斩成块，整齐排放于葱上，淋入味汁，撒上酥花仁、熟芝麻即可。

工艺关键
* 芝麻酱、花生酱先用白酱油、红酱油调成糊状后方能加入其他原料。
* 掌握好各原料的用量，做到咸甜、酸、辣、麻、香、鲜兼备，互不相伤。

香糟鸡

味型 香糟味 ⇨ 烹饪技法 糟···

特点
皮脆味鲜，糟香肉嫩。

原料组成配方

（1）主料

三黄鸡1只（约1000克）

（2）调助料

大葱100克	老姜50克	葱节10克	姜片5克
精盐15克	干花椒2克	料酒30克	白糖10克
醪糟汁200克			

制作工艺

(1)烹前工作

①三黄鸡宰杀，去毛，剖腹，去内脏，治净，加葱节、姜片、精盐、料酒，和匀，入鸡腹内和鸡身表面，抹匀擦透，腌渍码味30分钟。大葱挽结，老姜拍破。

②大葱、老姜、花椒、料酒、精盐入沸水中，投入仔鸡，撇净浮沫，用小火煮至鸡肉刚成熟时，移离火口，待鸡肉在汤汁中浸泡30分钟后捞出，晾凉，斩下鸡头、鸡脖、凤爪另用，用刀沿着鸡身背脊将鸡分为两半，改成大块。

(2)菜品烹制

①白糖、醪糟汁、精盐，调匀成糟卤。鸡汤加精盐，烧沸，凉后入糟卤中，放入鸡块，腌渍4小时。

②入味后的鸡块斩成条，入盘，淋入少许糟卤水即可。

工艺关键

※ 三黄鸡即为羽黄、脚黄、皮黄，肉质细嫩鲜美。

※ 控制好煮鸡的火候和时间。

※ 糟卤味汁宜浓郁，以利腌渍入味。

凉粉鸡丝

味型 **酸辣味** ▷▷▷　烹饪技法 **拌**

特点 细嫩滑爽，咸鲜酸辣。

原料组成配方

(1)主料

熟鸡肉200克

(2)辅料

白凉粉100克

（3）调助料

蒜泥10克	精盐1克	白酱油5克	醋30克
复制红酱油10克	豆豉10克	白糖3克	味精1克
红油30克	香油5克	花椒油3克	熟菜油10克

制作工艺

（1）烹前工作

①豆豉剁细。

②锅置中火上，加熟菜油烧热，下豆豉炒至酥香。

（2）菜品烹制

①白凉粉旋成丝状入盘，熟鸡肉撕成丝，整齐排列于凉粉上。

②蒜泥、精盐、白酱油、复制红酱油、醋、豆豉、白糖、味精、红油、香油、花椒油调匀成味汁淋于鸡丝上即可。

工艺关键
- ❋ 应用豌豆粉制作的凉粉为佳。
- ❋ 味汁宜浓稠、汁多。

钵钵鸡

味型 **麻辣味** ⇒ 烹饪技法 **拌** • • •

特点

色红肉嫩，麻辣鲜香。

原料组成配方

（1）主料

仔公鸡1只（约1000克）

（2）辅料

马耳朵形葱50克

（3）调助料

老姜50克	大葱100克	葱节15克	姜片10克
精盐5克	料酒20克	五香粉2克	白酱油5克
复制红酱油10克	白糖3克	花椒粉5克	味精2克
酥花仁30克	熟芝麻3克	香葱花5克	香油5克
红油50克	花椒油5克		

制作工艺

（1）烹前工作

①仔公鸡宰杀，去毛，剖腹，去内脏，治净，精盐、料酒、葱节、姜片、五香粉和匀，入鸡腹内和鸡身表面抹匀擦透，腌渍码味30分钟。老姜拍破，大葱挽结，酥花仁去皮压成颗粒状。

②仔公鸡入沸水锅中，加大葱、老姜，旺火烧沸，撇净浮沫，改用小火煮至成熟，移离火口，待在汤汁中浸泡30分钟后捞出，晾凉。

（2）菜品烹制

①鸡肉斩成条，精盐、白酱油、复制红酱油、白糖、冷鲜鸡汤、花椒粉、味精、香油、红油、花椒油调匀成味汁。

②马耳朵形葱放入玻璃汤钵内，鸡条整齐排列于钵内，淋入味汁，放入酥花仁、熟芝麻，撒上香葱花即可。

工艺关键

❋ 鸡肉应凉透后斩成条，保持形体完整。

❋ 味汁应浓郁、汁多，应淹没鸡肉。

烧椒拌鸡

味型 红油味 ▷▷▷　**烹饪技法** 拌

特点 色泽鲜艳，麻辣滋润，清香味美。

原料组成配方

（1）主料

　　仔公鸡1只（约1000克）

（2）辅料

　　鲜青椒200克

（3）调助料

鲜花椒40克	干辣椒节5克	干花椒2克	老姜50克
大葱100克	葱节15克	姜片10克	八角5克
肉桂2克	砂仁3克	草果5克	月桂叶3克
料酒20克	复制红酱油5克	精盐15克	白酱油3克
白糖2克	味精1克	香油3克	红油50克

制作工艺

（1）烹前工作

①仔公鸡宰杀，去毛，剖腹，治净，入清水中浸泡1~2小时，捞出，沥水，加精盐、料酒、葱节、姜片和匀，码味腌制2~3小时，入沸水中氽一水，沥净水。老姜拍破，大葱挽结，八角、肉桂掰成小块，草果、砂仁拍破，所有香料入清水锅中与干辣椒节一同入清水锅中氽一水，捞出清水冲洗，干花椒与之拌匀入香料袋中。鲜青椒洗净，用铁签串成串，入柴火上烤至青椒起泡时取出晾凉，捣成茸。

②锅置中火上，注入清水，放入老姜、大葱、香料袋，熬至香气四溢时投入仔鸡，煮至刚熟，移离火口，待仔鸡在汤汁中浸泡20分钟后，捞出，晾凉。

（2）菜品烹制

①鸡肉斩成块，整齐入盘。

②鲜椒茸与白酱油、精盐、复制红酱油、白糖、味精、香油调匀，淋在鸡块上，放上鲜花椒。

③在炒锅置中火上，加红油烧至4成油温淋在鲜花椒上即可。

工艺关键

❋ 应选肉质细嫩的仔公鸡为佳。

❋ 鸡肉不宜久煮，以煮至刚熟为度。

山椒泡凤爪

特点 脆、嫩、鲜、辣，回味酸香。

味型 酸辣味 ⇒ **烹饪技法** 泡 •••

原料组成配方

(1)主料

鲜凤爪500克

(2)辅料

野山椒200克　　　鲜红甜椒50克　　　西芹30克

(3)调助料

葱节30克	姜片15克	洋葱块20克	鲜柠檬片2克
精盐10克	干花椒1克	胡椒2克	料酒50克
白糖3克	味精2克	泡菜盐水适量	

制作工艺

(1)烹前工作

①鲜凤爪去粗皮、爪尖，洗净，加精盐、葱节、姜片、料酒和匀，码味腌渍30分钟。鲜红甜椒洗净，去蒂，去籽，切成块。西芹去叶、

筋，改成节。野山椒去蒂改成节。

②凤爪入清水锅中加花椒、料酒烧沸，撇净浮沫，小火煮至凤爪成熟时移离火口，待在汤汁中浸泡20分钟后捞出，清水冲凉，用小刀剖开凤爪背部，去爪骨。

（2）菜品烹制

泡菜坛洗净，沥干水，加泡菜盐水、野山椒、野山椒原汁、柠檬片、洋葱块、白糖、胡椒、味精制成泡菜水，24小时后投入甜椒块、西芹节、凤爪，泡制8～12小时即可。

工艺关键

⊛ 凤爪煮制时间不宜太长，以刚成熟为佳。凤爪煮熟后应用清水冲至凉透。

⊛ 应选味鲜、辣中带酸香的野山椒为佳。辣中带甜的次之。

⊛ 泡制时间不宜太长，以免太咸，以8～12小时为佳。

樟茶鸭

味型 烟香味 ▷▶▷ **烹饪技法** 腌、熏、蒸、炸

特点 色泽红亮，烟香浓郁，皮酥肉嫩，风味独特。

原料组成配方

（1）主料

鲜活仔土肥鸭1只（约1500克）

（2）调助料

葱段30克	葱节20克	姜片30克	老姜50克
干花椒1克	胡椒粉2克	五香粉1克	精盐20克
米酒20克	料酒50克	香油5克	

熟菜油1000克（耗50克）　　红卤卤水适量

烟熏料（香樟叶、木屑、花茶末、柏枝、花生壳等）适量。

制作工艺

（1）烹前工作

①土肥鸭宰杀后去毛，去嘴壳，去脚上粗皮，在腹部至肛门之间开一约6～8米厘米长的小口，去内脏，治净。入清水中浸漂3～4小时，捞出，沥净水。老姜拍破。

②葱节、姜片、干花椒、精盐、胡椒粉、五香粉、料酒拌匀，入鸭身表面、鸭肚、嘴内抹匀擦透，码味腌渍8～12小时。

③红卤卤水烧沸，投入土肥鸭待紧皮后捞出，沥净卤水，用洁净棉布揾干肥鸭表皮水分，入通风阴凉处晾干水汽。

（2）菜品烹制

①花生壳、香樟叶、花茶末、柏枝入熏炉中点燃，撒入木屑。待冒青烟时放入土鸭熏至黄红色。

②米酒入鸭身表面抹匀加葱段、老姜入笼中，蒸至熟软离骨，取出，晾凉。

③锅置中火上，加熟菜油，烧至五成油温，放入鸭子炸至色泽棕红、皮酥肉嫩，刷上香油，樟茶鸭子即已制成。

④樟茶鸭斩成条，整齐入盘，即可食用。

工艺关键

❋ 应选仔土鸭为佳。

❋ 熏制时不能有浓烟和明火。

❋ 控制好炸制的油温。

香酥鸭

味型 五香味 ⇨ **烹饪技法** 蒸、炸 •••

原料组成配方

(1) 主料

仔鸭1只（约1500克） 荷叶饼200克

(2) 调助料

葱节20克	姜片15克	葱段30克	老姜50克
精盐20克	胡椒粉2克	干花椒2克	五香粉2克
料酒20克	米酒30克	葱酱调料100克	

熟菜油1000克（耗100克）

制作工艺

(1) 烹前工作

仔鸭宰杀后去毛，去爪、翅尖，在肛门与腹部之间开一小口，去内脏，治净。入清水中浸泡30分钟。葱节、姜片、精盐、胡椒粉、五香粉、干花椒、料酒和匀，入鸭身表面、鸭肚、嘴内抹匀擦透，腌渍码味1~2小时。老姜拍破。

(2) 菜品烹制

①仔鸭加葱段、老姜入笼中蒸至熟软，取出揝干水汽，米酒入鸭身表面抹匀。

②锅置中火上，加熟菜油，烧至六成油温，入鸭子炸至色泽红艳，表皮酥脆时捞出，沥净油。

③鸭子斩成条，整齐入盘，荷叶饼、葱酱调料一同上桌即可。

工艺关键

❋ 仔鸭需入清水中浸漂，去净血污。

❋ 掌握好精盐、五香粉的用量。

❋ 控制好蒸、炸的程度。

水晶鸭条

味型　咸鲜味　▷▷▷　烹饪技法　冻

特点　色泽明亮，咸鲜质软，口感细嫩，风味别致。

原料组成配方

（1）主料

仔鸭1只（约1500克）

（2）辅料

猪肉皮500克

（3）调助料

甜椒10克	水发香菇30克	香菜10克	葱段20克
老姜30克	精盐10克	料酒30克	胡椒粉1克
蛋清液20克	味精2克		

制作工艺

（1）烹前工作

仔鸭经宰杀去毛，剖腹，去内脏，清洗干净，入清水中浸漂去净血污。猪肉皮刮洗干净。甜椒、香菇、香菜经刀工成形。老姜拍破。

（2）菜品烹制

①仔鸭加精盐、料酒、葱段、老姜、胡椒粉抹匀擦透入盆，入笼中蒸至熟软，去骨，斩成条。

②猪肉皮入锅中，注入清水，小火煨至汁稠皮软，捞出肉皮切成条，汤汁加味精调成冻液。

③鸭条肉皮依原放于平盘中，香菇、香菜、甜椒蘸上蛋清液，按一定图案摆放于鸭条上，倒入原冻液，淹没鸭条，凉后凝固后改成条整齐入盘即可。

工艺关键

❋ 仔鸭需去净血污，蒸制时需蒸至熟软。

❋ 控制好煮肉皮的清水用量，以汤汁浓稠为佳。

❋ 摆放鸭条时需有一定间隙，以利注入冻液。

芥末鸭掌

味型 芥末味 ⇒ **烹饪技法** 拌 ···

特点 色泽鲜艳，鸭掌爽脆，冲辣解腻，咸鲜爽口。

原料组成配方

(1) 主料

鸭掌250克

(2) 辅料

粉皮丝50克

(3) 调助料

葱段20克	老姜30克	葱节20克	姜片15克
精盐3克	白糖2克	芥末粉25克	醋5克
白酱油5克	胡椒粉1克	料酒20克	鲜汤200克
味精2克	香油3克	熟菜油50克	

制作工艺

(1) 烹前工作

①鸭掌洗净，去爪尖，入清水中浸漂去净血污。老姜拍破。粉皮丝入清水中浸泡至软，入沸水锅中煮至成熟捞出。

②芥末粉、白糖、醋入盛器中充分搅匀至白糖完全融化，调入少许沸水拌匀，加熟菜油搅拌至糊状，密封1～2小时后成芥末糊。

(2) 菜品烹制

①鸭掌加老姜、葱段、料酒入清水锅中煮至刚成熟时，入清水中浸漂至凉捞出，去掌骨入盆中加葱节、姜片、胡椒粉、料酒、鲜汤，入笼中蒸至鸭掌熟软时捞出。

②粉皮丝入盘中，鸭掌整齐置上。

③芥末糊、精盐、白酱油、味精、香油调匀，淋入鸭掌上即可。

工艺关键

❋ 鸭掌应煮制刚熟，蒸制时不宜太软，以利口感爽脆。

❋ 掌握好各调味料的用量，使其咸、鲜、酸、香、冲兼备，相得益彰。

红油鸭胗

味型 **红油味** ▷▶▷ 烹饪技法 **拌**

特点 色红辣香，嫩脆可口。

原料组成配方

（1）主料

鸭胗300克

（2）辅料

青笋150克

（3）调助料

葱段30克	姜片20克	精盐1克	复制红酱油5克
白酱油3克	白糖2克	料酒20克	味精1克
红油30克	香油2克		

制作工艺

（1）烹前工作

①鸭胗剖开，洗净，撕去内金、白色筋膜，片去底部硬皮，洗净。从上部用斜刀剞平行刀纹，深度为2/3，刀距为0.5厘米，将鸭胗横过来，用直刀两刀一断，切成厚约1.3厘米的鱼鳃形，加葱段、姜片、料酒腌渍码味10分钟，入沸水锅中烫至刚熟时捞出，沥净水。

②青笋去皮，洗净，切成长约8厘米，宽约0.2厘米，厚约0.2厘米的丝，加少许精盐拌匀腌渍5分钟后，沥干水，入盘中垫底。

（2）菜品烹制

①复制红酱油、白酱油、白糖、精盐、味精入盛器中，调匀至白糖完全溶化，加红油、香油调匀成味汁。

②鸭胗整齐排列于青笋丝上，淋入味汁即可。

工艺关键

❋ 鸭胗入沸水锅中烫制时间不宜过长，以刚熟为度，以利嫩脆。

❋ 掌握好鸭胗、青笋的刀工处理。

青椒皮蛋

特点 色泽鲜艳，皮蛋细腻，椒香咸鲜，风味别致。

味型 红油味 ⇒ **烹饪技法** 拌 ●●●

特点 色泽鲜艳，皮蛋细腻，椒香咸鲜，风味别致。

原料组成配方

（1）主料

皮蛋2个

（2）辅料

鲜青椒50克

（3）调助料

| 精盐2克 | 复制红酱油5克 | 白酱油3克 | 白糖2克 |
| 味精1克 | 红油20克 | 香油2克 | |

制作工艺

（1）烹前工作

①皮蛋去壳洗净，每个用刀切成6瓣大小均匀的瓣形。

②青椒洗净去蒂，用铁签穿成串放在柴火上，烤至青椒起泡时取出，晾凉，捣成茸。

（2）菜品烹制

①皮蛋整齐排列于盘中。

②鲜青椒茸与复制红酱油、白酱油、精盐、白糖、味精，搅至白糖完全溶化，加红油、香油调匀，淋在皮蛋上即可。

工艺关键
❋ 应选清香味浓、蛋清蛋黄凝固、蛋黄成金黄色的皮蛋为佳。
❋ 青椒应烤熟、起泡、香气四溢时为度，切勿未烤熟或烤焦。

鲜椒鸭肠

味型
麻辣味

▷▶▷

烹饪技法
拌

特点　色泽红亮，鸭肠鲜脆，椒香麻辣，清鲜味浓。

原料配方

(1) 主料

鲜鸭肠200克

(2) 辅料

鲜红小米椒50克

(3) 调助料

葱段30克	姜片20克	精盐2克	白酱油10克
白糖3克	干淀粉10克	料酒20克	味精2克
红油25克	花椒油5克	香油2克	

制作工艺

(1) 烹前工作

①鲜鸭肠去污秽、油筋，洗净，改成长约10厘米的节，加葱段、姜片、料酒、干淀粉拌匀，入沸水锅中烫至刚成熟时捞出，拣去葱姜，沥净水。

②鲜红小米椒去蒂洗净，切成粒状。

(2) 菜品烹制

精盐、白酱油、白糖、味精搅至白糖完全溶化，加小米椒粒、鸭肠、红油、花椒油、香油拌匀入盘中即可。

工艺关键

❋ 应选色泽鲜艳、肠厚质脆，无异味的鸭肠为佳。

❋ 鸭肠入沸水锅中时以刚熟时立即捞出为度。

凉粉拌鹅肠

味型 酸辣味 ⇨ **烹饪技法** 拌 ...

原料组成配方

(1) 主料

鲜鹅肠250克

(2) 辅料

白凉粉100克

(3) 调助料

葱节30克	姜片20克	精盐2克	复制红酱油5克
白酱油5克	醋30克	蒜泥5克	料酒15克
干淀粉10克	香葱花5克	味精1克	红油20克
香油3克			

制作工艺

(1) 烹前工作

①鲜鹅肠去污物、油筋，洗净。改成长约10厘米的节，加葱节、姜片、干淀粉、料酒拌匀，入沸水锅中烫至鹅肠刚熟时捞出，拣去葱、姜，沥净水。

②白凉粉旋成丝状。

(2) 菜品烹制

①白凉粉入盘中，鹅肠整齐排列于上。

②精盐、复制红酱油、白酱油、醋、蒜泥、味精、调匀，加红油、香油、葱花搅匀，淋在鹅肠上即可。

工艺关键

※ 应应选肠厚质脆，新鲜无异味的鹅肠。白凉粉应选豌豆淀粉制作的为佳。

※ 掌握好鹅肠在沸水锅中的时间，以刚成熟为度。

椒盐乳鸽

味型
椒盐味

▷▶▷

烹饪技法
炸

特点　色泽金黄，香气浓郁，皮酥肉鲜，风味独特。

原料组成配方

（1）主料

乳鸽2只（约500克）

（2）调助料

姜片20克	葱段30克	花椒2克	精盐5克
五香粉2克	椒盐20克	料酒50克	胡椒粉2克
熟菜油500克（耗50克）			

制作工艺

（1）烹前工作

乳鸽入清水中闷死，去毛、爪尖、内脏，清洗干净，入清水中浸泡1~2小时捞出，沥净水。用精盐、胡椒粉、花椒、料酒、五香粉、葱段、姜片入鸽身内外抹匀，腌渍码味30分钟。椒盐放入4个小碟中。

（2）菜品烹制

①码好味的乳鸽入笼中蒸至熟软离骨时取出，晾干水汽。

②锅置中火上，加熟菜油，烧至五成油温，下乳鸽炸至色泽棕红，表皮酥香捞出，沥净油，稍凉。

③鸽子斩成块，整齐入盘，与椒盐一同上桌即可。

工艺关键

❋ 码味时间需够，以利入味。

❋ 鸽子蒸制时需熟软离骨，但需形整不烂。

❋ 控制好炸制的时间和油温。

川味腊肉

味型 烟香味 ⇨ 烹饪技法 腌、熏、蒸 ⋯⋯

原料组成配方

（1）主料

猪肉5000克

（2）调助料

精盐150克	干花椒3克	料酒100克	五香粉10克
红糖30克	胡椒粉2克	米酒20克	

烟熏料（木屑、柏枝、花生壳等）适量

制作工艺

（1）烹前工作

①猪肉刮净残毛，改成30厘米长，5厘米宽的条，入温水中浸泡30分钟捞出，沥干水分，红糖切成末。

②精盐炒热，冷却后与干花椒、料酒、五香粉、红糖、胡椒粉、米酒拌匀，涂抹于肉身内外。皮朝下，肉朝上入缸中腌渍7天左右，捞出，用细麻绳套牢悬挂于洁净、阴凉、通风处，吹干表皮水分。

（2）菜品烹制

①花生壳、柏枝入大铁锅中点燃，撒上木屑，冒青烟时放一铁箅（或几根铁条），肉条均匀的排列置上，盖上铁盖，熏制色泽金黄时即可取出，悬挂于洁净、通风、阴凉处，吹干，川味腊肉即已制成。

②食用时，将腊肉置火上烧至皮起泡时入温水中刮净，上笼蒸熟，切成片，整齐排列于盘中即可。

工艺关键

❋ 应选猪前、后腿肉或五花肉为佳。

❋ 腌制时需上下翻动几次，以利入味均匀。

❋ 熏时不能有明火和浓烟。

川味香肠

味型 **家常味**

特点

▷▶▶ **烹饪技法** 腌、熏、蒸

色泽红亮，肉香味鲜，麻辣适中，风味别致。

原料组成配方

（1）主料

猪肉5000克

（2）辅料

猪肠衣适量

（3）调助料

干辣椒节75克	干花椒30克	姜末100克	精盐150克
红糖50克	胡椒粉5克	料酒50克	五香粉2克
味精2克	烟熏料（柏枝、花生壳、木屑等）适量		熟菜油10克

制作工艺

（1）烹前工作

①猪肉去皮，去骨，洗净，晾干水分，切成长约4厘米，宽约2厘米，厚约0.3厘米的片，猪肠衣洗净，晾干水分。

②干辣椒节入锅中加熟菜油用微火炒至椒干辣香时粉碎成熟辣椒粉。干花椒用微火焙至酥脆后，磨成花椒粉。精盐炒热，晾凉。红糖切碎。

（2）菜品烹制

①熟辣椒粉、花椒粉、姜末、精盐、红糖、胡椒粉、料酒、五香粉、味精调匀，加入肉片，拌匀，灌入肠衣中，用手挤紧，用细棉绳套成长约15厘米的段。用钢针刺无数小孔，用温水洗净，悬于阴凉通风、无污染处，晾干水汽。

②取一大铁锅，放入花生壳、柏枝点燃，撒上木屑，无浓烟时放铁箅，香肠排列置上，盖上铁盖，熏至色泽棕红，香气浓郁时悬于通风

处，吹干即可。

③食用时用温水洗净，置笼中蒸熟，稍凉后切成片，排列于盘中即可食用。

 工艺关键
* 猪肉肥瘦比例为2:8。
* 掌握好调料用量，不宜偏咸或偏淡。

蒜泥白肉 ⇨ **特点** 色泽红亮，肉糯味鲜，蒜味浓郁，香辣诱人。

味型 蒜泥味 ⇨ 烹饪技法 拌 ……

原料组成配方

(1)主料

带皮猪坐臀肉250克

(2)调助料

老姜20克	大葱30克	干花椒1克	料酒20克
蒜泥20克	复制红酱油10克	白酱油5克	味精1克
红油25克	香油2克		

制作工艺

(1)烹前工作

①猪肉刮洗干净，入清水中浸漂20分钟。老姜拍破，大葱挽结。

②锅置中火上，注入清水，放入老姜、大葱、料酒、干花椒，猪肉皮朝下入锅中，烧沸，撇净浮沫，改用小火煮至皮软，肉刚熟时将锅移离火口，待猪肉在汤汁中泡至原汁温度为40℃时捞出，晾凉。

(2)菜品烹制

①猪肉片成长约10厘米，宽约5厘米，薄约0.1厘米的片，整齐入

盘。

②蒜泥、复制红酱油、白酱油、味精调匀，加红油、香油拌匀，淋在肉片上即可。

工艺关键

❋ 控制火候，煮肉时水沸后立即用小火。

❋ 肉片宜薄，且完整无阶梯形。

糖醋排骨

味型 糖醋味 ▷▶▷

烹饪技法
炸收

特点 色红滋润，甜酸干香，风味别致。

原料组成配方

（1）主料

猪排骨500克

（2）调助料

老姜10克	葱段20克	干花椒1克	精盐4克
白糖50克	醋30克	料酒20克	鲜汤500克
熟芝麻5克	酥花仁15克	熟菜油1000克（耗100克）	

制作工艺

（1）烹前工作

猪肉排洗净，顺肋缝切条，再斩成长约5厘米的节，入清水中浸泡10分钟，入沸水锅中氽一水，捞出，沥净水。老姜拍破，酥花仁去皮成瓣。

（2）菜品烹制

①肉排加老姜、葱段、干花椒、料酒、精盐拌匀，入笼中蒸至熟软

离骨时取出排骨。

②锅置中火上烧热，加熟菜油烧至六成油温，下排骨炸至棕红色时捞出。

③锅置小火上，加5克熟菜油，下白糖炒至白糖完全溶化刚起泡时，加鲜汤、排骨，烧至汤汁浓稠亮油时起锅，加醋翻匀晾凉，撒入熟芝麻、酥花仁拌匀即可。

工艺关键
* 选肉多的仔排骨为佳。
* 醋应在起锅时倒入。

老坛子泡菜

特点
色泽鲜亮，脆嫩爽品，咸鲜酸辣。

味型 酸辣味 ⇨ **烹饪技法** 泡 ...

原料组成配方

(1) 主料

猪耳200克　　　　猪蹄200克　　　　猪尾100克

(2) 辅料

鲜甜椒50克　　　　子姜100克　　　　西芹100克

(3) 调助料

野山椒200克	老姜150克	葱段50克	姜片15克
大葱100克	洋葱块30克	干香菇10克	鲜柠檬片3克
干花椒1克	胡椒2克	精盐15克	料酒30克
味精2克	泡菜盐水适量		

制作工艺

(1)烹前工作

①猪耳、猪蹄、猪尾刮洗干净，加精盐、葱段、姜片、料酒，腌渍码味20分钟。鲜甜椒洗净、去蒂去籽切成块。子姜刮洗干净，切成片。西芹去筋洗净切成节。野山椒去蒂切成颗。老姜（拍）破。大葱挽成结。干香菇洗净。

②锅至中火上，注入清水，放入老姜、大葱、干花椒、猪蹄、猪耳、猪尾烧沸，撇净浮沫，改用小火煮至刚成熟时捞出（先熟先捞出）晾凉，猪耳切成片，猪蹄、猪尾斩成节。

(2)菜品烹制

泡菜坛洗净、沥干水，加泡菜盐水、野山椒、精盐、山椒原汁、味精、干香菇、柠檬片、洋葱块、胡椒，制成泡菜水，24小时后入子姜、甜椒块、西芹、猪蹄、猪尾、猪耳，泡制8～12小时后即可食用。

工艺关键

❋ 应选新鲜、无异味的猪蹄、猪尾、猪耳为佳。

❋ 掌握好泡菜水的盐分和泡制时间。

椒麻肚丝

味型 椒麻味 ▷▶▷   **烹饪技法** 拌

特点 色泽亮丽，椒香葱鲜，脆嫩微麻。

主要原料配方

(1)主料

鲜猪肚250克

(2)辅料

青笋100克

（3）调助料

葱叶15克	葱段20克	姜片15克	精盐18克
料酒30克	花椒1.5克	胡椒粉2克	白糖2克
白酱油5克	味精1克	冷鲜汤20克	香油2克
熟菜油15克			

制作工艺

（1）烹前工作

①猪肚去油筋、污秽，清洗后加15克精盐、葱段、姜片、料酒揉搓，直至猪肚发白，不粘手为止，入冷水锅中汆一水，捞出，刮去肚脐处白膜及残余胃液，洗净。

②青笋去皮洗净，切成长约6厘米，宽约0.2厘米，厚约0.2厘米的丝，加入少许精盐拌匀，腌渍5分钟。

（2）菜品烹制

①猪肚入冷水锅中加葱段、姜片、料酒、胡椒粉，煮至熟软，凉后切成长约8厘米，宽约0.3厘米，厚约0.3厘米的丝。

②青笋丝沥水入盘中垫底，肚丝排列置上。

③葱叶、花椒（去籽，用温水略泡，沥净水）剁成茸入盛器中搅匀成椒麻糊。

④椒麻糊、精盐、白糖、白酱油、味精、冷鲜汤搅匀至白糖完全溶化，调入香油淋在肚丝上即可。

工艺关键
- 猪肚需洗净黏液，肚脐处白膜需去净。
- 宜现拌现食，以利色泽诱人，味道鲜香。

香脆腰花

味型 麻辣味 ⇨ **烹饪技法** 拌 ...

原料组成配方

(1)主料

猪腰1个（约150克）

(2)辅料

净青笋60克

(3)调助料

葱节20克	姜片15克	精盐5克	白酱油10克
白糖2克	干细淀粉5克	料酒20克	味精2克
红油50克	花椒油5克	香油2克	

制作工艺

(1)烹前工作

猪腰去净筋膜，对剖去臊，洗净，先用斜刀剞宽约0.3厘米，深为3/4的花纹，再用横刀直划3刀一断的眉毛形，清水浸泡10分钟，沥水加葱节、姜片、少许精盐、料酒、干细淀粉腌渍码味10分钟，入沸水锅中烫至刚熟，捞出沥净水。

(2)菜品烹制

①青笋丝入盘垫底，腰花置上。

②白酱油、精盐、白糖、味精、红油、香油、花椒油调匀成味汁，淋在腰花上即可。

工艺关键

※ 腰臊需去净，烫制时以刚熟为佳，以利脆嫩味鲜。

※ 青笋加精盐腌渍后不宜用手挤去水分，应自然滤去水分。

皮 冻

特点　晶莹透明，柔嫩咸鲜，姜香微酸，清爽诱人。

原料组成配方

（1）主料

猪肉皮300克

（2）辅料

银丝粉50克

（3）调助料

老姜20克	大葱30克	姜末15克	胡椒粉2克
精盐2克	白酱油5克	醋10克	香菜段5克
味精1克	香油2克	冷鲜汤10克	

制作工艺

（1）烹前工作

肉皮去残毛、肥膘，刮洗干净，入沸水锅中余一水，切成条，老姜拍破，大葱挽结，银丝粉入清水中浸漂至软，入沸水中略烫，捞出改成节。

（2）菜品烹制

①肉皮入清水锅中，放入老姜、大葱、胡椒粉，烧沸撇净浮沫，小火煨至肉皮熟软，汤汁浓稠时，拣去葱、姜，加少许精盐，起锅入盛器中，冷却后即成皮冻。皮冻切成6厘米长，1厘米厚的片。

②粉丝入盘中垫底，皮冻置上，放入香菜段。

③精盐、白酱油、醋、香油、味精、姜末、冷鲜汤调匀，淋在皮冻上即可。

工艺关键
- 肥膘应去净，汤汁浮沫需撇净。
- 肉皮汁入盛器中成形时，宜2厘米左右厚为佳。

麻辣牛肉干 ⇨

特点　麻辣干香，爽口化渣，红润发亮，回味悠长。

味型 麻辣味 ⇨ **烹饪技法** 炸收 ·····

原料组成配方

（1）主料

精黄牛肉500克

（2）辅料

熟芝麻10克

（3）调助料

老姜20克	大葱30克	洋葱块15克	八角3克
山奈1克	肉桂2克	草果5克	月桂叶2克
精盐10克	白糖10克	胡椒粉1克	料酒20克
熟辣椒粉20克	花椒粉3克	味精2克	熟菜油300克

制作工艺

（1）烹前工作

①黄牛肉改成大块，入清水中浸泡30分钟。

②老姜拍破，大葱挽结，八角、肉桂、掰成小块，草果拍破，八角、肉桂、草果、山奈、月桂叶入清水中浸泡20分钟，入沸水锅余一水，清水冲洗，与老姜、大葱、洋葱块拌匀，入香料袋中。

（2）菜品烹制

①黄牛肉入清水锅中，加香料袋、料酒、胡椒粉，中火烧沸撇净浮沫，小火煮至牛肉六成熟时捞出，切成长约5厘米，宽约0.8厘米，厚约0.6厘米的条。

②牛肉条入原汤中，加熟菜油，小火煮至牛肉熟软，汤汁快干时，捞出香料袋，加白糖，不停翻炒，炒至牛肉吐油，水分收干时下熟辣椒粉、花椒粉，炒香，加味精、熟芝麻即可。

工艺关键

❀ 牛肉加工成形应先顺筋改成片，再横筋切成条。

❀ 牛肉需炒至吐油，水分已干时才能加熟辣椒粉、花椒粉等原料。

夫妻肺片

原料组成配方

（1）主料

精黄牛肉250克

（2）辅料

牛杂（心、舌、千层肚、肚梁、头皮）200克

（3）调助料

老姜20克	姜片15克	大葱30克	葱段20克
芹菜节15克	干辣椒节20克	干花椒2克	胡椒粉1克
白糖3克	花椒粉5克	精盐20克	白酱油10克
八角5克	肉桂3克	山奈2克	丁香1克
料酒30克	熟芝麻3克	酥花仁20克	味精1克
白卤水适量	红油100克	香油2克	

制作工艺

（1）烹前工作

①牛肉改成小块，牛杂治净，入清水中浸泡30分钟，捞出，加15克精盐、葱节、姜片、料酒，腌渍码味30分钟后入清水锅中汆一水，清水冲洗，沥净水。

②老姜拍破，大葱挽结，八角、肉桂掰成小块。山奈、丁香、八角、肉桂入清水中浸泡1～2小时后与干辣椒节、干花椒一同入沸水锅中汆一水，清水冲洗，沥净水，入香料袋中。酥花仁去皮。

（2）菜品烹制

①取一卤水锅加白卤水、老姜、大葱、胡椒粉、精盐、香料袋，烧沸，小火熬出味后下牛肉、牛杂。小火卤至牛肉、牛杂熟软时移离火

口。待牛肉、牛杂在卤水中浸泡20分钟后捞出，晾凉，片成长约5厘米、宽约3厘米，厚约0.2厘米的片。

②精盐、花椒粉、白酱油、白糖、味精入盆中，舀入少许卤水，加上香油、红油调匀成麻辣味汁，加牛肉、牛杂、芹菜拌匀后撒入熟芝麻、酥花仁和匀即可。

工艺关键

❋ 牛肉、牛杂应卤至熟软为度，不宜过硬或太熟软。

❋ 控制好各种调味原料的用量。

特点

色泽红亮，肉嫩味鲜，麻辣激甜，风味独特。

味型 麻辣味 ⇒ **烹饪技法** 拌 •••

原料组成配方

(1)主料

仔兔1只（约1250克）

(2)辅料

油酥花仁100克

(3)调助料

葱节30克	姜片20克	老姜50克	大葱100克
葱丁20克	精盐10克	白酱油10克	油酥豆瓣20克
白糖3克	胡椒粉2克	料酒30克	味精2克
红油25克	花椒油5克	香油2克	熟芝麻2克

制作工艺

(1)烹前工作

仔兔宰杀，去皮，剖腹，去内脏，清洗干净，入清水中浸泡20分钟后捞出，加葱节、姜片、胡椒粉、精盐、料酒，腌渍码味30分钟。老姜拍破，大葱挽结，油酥花仁去皮。

（2）菜品烹制

①锅置中火上，注入清水，兔肉胸朝下、背朝上入锅中，加老姜、大葱，烧沸，撇净浮沫，改用小火煮至兔肉成熟时移离火口，待兔肉在原汤中浸泡20分钟后捞出，凉后斩成约1.5厘米大小的丁。

②白酱油、油酥豆瓣、白糖、味精、红油、花椒油、香油调匀，加兔丁、葱丁拌匀，撒入花仁、熟芝麻和匀即可。

工艺关键

⊛ 兔肉需浸漂去血污。

⊛ 兔肉应煮至刚熟为佳、不宜过于熟软。

⊛ 现拌现食，风味犹佳。

缠丝兔

 味型 **烟香味** ▷▷▷ **烹饪技法** 腌、熏、蒸

 特点　色泽红亮，肉嫩味鲜，香气浓郁，回味悠长。

原料组成配方

（1）主料

　　水盆兔1只（约500克）

（2）调助料

葱节30克	姜片15克	姜汁100克	干花椒1克
甜面酱100克	白酱油30克	豆豉15克	精盐10克
白糖1克	五香粉5克	胡椒粉2克	料酒100克
香油10克	烟熏料（柏枝、花生壳、木屑）适量		

制作工艺

(1)烹前工作

水盆兔剖腹，去内脏，清洗干净，入清水中浸泡1～2小时，去血污，捞出，沥净水。精盐、葱节、姜片、料酒和匀，涂抹于兔身内外，腌渍码味8～12小时，悬挂于阴凉通风处晾干水分。豆豉剁碎，干花椒磨成末。

(2)菜品烹制

①将甜面酱、白糖、白酱油、五香粉、胡椒粉、花椒末、姜汁调匀，均匀涂抹于兔身表面和腹内。

②前腿入前胸，后腿拉直，用细麻绳从颈部至后腿缠成螺旋形。

③花生壳、柏枝入熏炉中点燃，撒上木屑，冒青烟后放入兔肉熏至色泽棕红，烟香浓郁时悬挂于阴凉通风处，吹干即可。

④食用时先去掉细麻绳，温水洗净，入笼中蒸熟，凉后斩成块，淋入香油入盘即可。

工艺关键

❁ 应选肉嫩味鲜的仔兔为佳。

❁ 兔肉需用清水漂净血污。

❁ 待木屑冒青烟时才可将兔肉入炉熏制。

怪味花仁　⇨

特点　咸、甜、酸、辣、麻、鲜兼备，花仁酥脆，独特风味，佐酒佳肴。

味型 怪　味　⇨　**烹饪技法** 糖粘 ●●●

原料组成配方

(1)主料

花仁100克

（2）调助料

冰糖25克	精盐300克	甜面酱2克	熟辣椒粉5克
花椒粉2克	柠檬酸1克	清水50克	

制作工艺

（1）烹前工作

①花仁选净，冰糖敲碎。

②精盐入锅中炒热，加花仁用小火炒至花仁酥脆时，入筛中漏去盐，凉后去皮衣，筛净。

（2）菜品烹制

锅置火上，加水和冰糖，小火熬至冰糖完全溶化、糖液浓稠时移离火口，稍凉，下甜面酱、熟辣椒粉、花椒粉、2克精盐、柠檬酸翻匀，入花仁不停翻炒，待糖液完全粘裹于花仁后起锅，凉透后即可。

工艺关键

❋ 应选色呈桃红，颗粒均匀，质干个大，无杂质，无霉变的花仁为佳。

❋ 控制好炒花仁的火候，以免出现焦煳或生味。

❋ 糖液需炒至浓稠后稍凉，方能下熟辣椒粉、精盐、花椒粉等原料。

蛋酥花仁

味型 咸鲜味 ▷▶▷ **烹饪技法** 炒

特点 色泽美观，酥脆爽口，咸鲜味香。

原料组成配方

（1）主料

花仁250克

（2）辅料

鸡蛋80克

（3）调助料

精盐2克　　　　干细淀粉100克　　　　花椒粉1克

熟菜油1000克（实耗50克）

制作工艺

（1）烹前工作

①花仁选净，入清水中泡发至透，去皮衣，洗净。

②鸡蛋磕破入盛器中，加精盐、干细淀粉、花椒粉调成糊。

（2）菜品烹制

①花仁入糊中，拌匀，待裹上一层薄糊后，抖散。

②锅置火上烧热，加熟菜油，待油温升至六成热时下花仁入锅定型，捞出，入四成油锅中，小火炸至花仁酥脆，色泽淡黄时捞出，沥净油，凉后即可。

工艺关键

❋ 应选颗粒均匀，无霉变的花仁为佳。

❋ 掌握好糊的浓稠度。

❋ 控制好炸花仁的油温和火候。

渍胡豆

味型 咸鲜味 ⇒ 烹饪技法 渍 ●●●

特点 咸香味鲜，风味别致。

原料组成配方

（1）主料

干胡豆200克

（2）调助料

姜末10克　　　　葱花5克　　　　香椿节15克　　　　味精1克

泡菜盐水300克

制作工艺

(1)烹前工作

干胡豆选净，清水冲洗，沥净水。

(2)菜品烹制

干胡豆入锅中，小火炒熟，加泡菜盐水，加盖，待胡豆充分涨透入味后，下姜末、葱花、味精翻匀起锅，加香椿节拌匀即可。

工艺关键

❋ 应选洁净，饱满，颗粒均匀，无霉烂的干胡豆为佳。

❋ 胡豆炒熟后才能加泡菜盐水。

❋ 泡菜盐水不宜太咸。

香糟毛豆

 味型 **糟香味** ▶▶▶

 烹饪技法 **糟**

特点　色泽碧绿，豆嫩清爽，糟香味浓，滋味独特。

原料组成配方

(1)主料

鲜毛豆500克

(2)调助料

精盐20克　　　胡椒粉1克　　　醪糟汁50克　　　八角3克

肉桂2克　　　山奈2克　　　料酒20克　　　味精1克

制作工艺

(1)烹前工作

毛豆选净，剪去两头角尖，清水洗净，八角、肉桂掰成小块。

（2）菜品烹制

锅置火上，注入清水，加精盐、八角、肉桂、山奈、胡椒粉，熬出味，下毛豆，煮至豆熟时投入料酒、醪糟汁烧沸，加味精，移离火口，冷却后即可。

 ❋ 应选色泽碧绿，颗粒饱满，无虫蛀，无泥沙的毛豆为佳。

❋ 毛豆煮制时间不宜过长，以刚熟为度。

麻酱青笋

特点 色泽碧绿，酱香味醇，咸鲜清爽。

味型 麻酱味 ⇒ **烹饪技法** 拌 …

原料组成配方

（1）主料

青笋200克

（2）调助料

| 芝麻酱20克 | 精盐2克 | 白糖1克 | 味精1克 |
| 冷鲜鸡汤10克 | 香油1克 | | |

制作工艺

（1）烹前工作

青笋去皮，洗净，切成长约6厘米，宽约2厘米，厚约0.2厘米的块。

（2）菜品烹制

①青笋加少许精盐腌渍10分钟，沥水，入盘。

②芝麻酱加凉鸡汤调成糊，入白糖、精盐、味精调匀，加香油和匀，淋入青笋上即可。

糖醋黄瓜

味型 **糖醋味** ▷▶▷

烹饪技法
拌

特点 色泽鲜艳，甜酸鲜醇，嫩脆清爽，风味诱人。

原料组成配方

（1）主料

嫩黄瓜200克

（2）调助料

| 精盐2克 | 白酱油5克 | 白糖30克 | 醋20克 |

香油2克

制作工艺

（1）烹前工作

黄瓜去皮，去蒂，去瓤，改成长约4厘米，宽约1厘米，厚约0.4厘米的节，加少许精盐腌渍片刻，沥水入盘。

（2）菜品烹制

精盐、白酱油、白糖、醋入盛器中，充分搅匀至白糖完全溶化，加香油调匀，淋入黄瓜上即可。

工艺关键
⁕ 应选色泽碧绿，嫩脆鲜艳的黄瓜为佳。
⁕ 黄瓜加精盐先腌渍，可使黄瓜既有基本味，又能保持嫩脆。

姜汁藕片 ⇨

特点
色泽艳丽，姜香味浓，清鲜爽口。

味型 姜汁味 ⇨ **烹饪技法** 拌 ●●●

原料组成配方

（1）主料

嫩藕200克

（2）调助料

姜末10克	精盐2克	白酱油5克	醋15克
味精1克	香油2克		

制作工艺

（1）烹前工作

藕洗净，去表面粗皮，切成厚约0.2厘米的片，入清水冲洗净，沥水。

（2）菜品烹制

①藕入沸水锅中稍烫，清水冲洗，沥水，入盘。

②精盐、白酱油、醋、味精调匀，加姜末，搅匀，加香油，淋在藕片上即可。

工艺关键
❋ 藕应选皮细、质脆、微甜、汁多的白花藕为佳。
❋ 白酱油宜少，以利色泽鲜艳。

酸辣粉丝
味型 酸辣味 ▷▷▷
烹饪技法 拌
特点 咸鲜酸辣，清爽可口，风味独特。

原料组成配方

（1）主料

银丝粉100克

（2）辅料

　　青小米椒30克　　　红小米椒20克

（3）调助料

　　精盐2克　　　　白酱油5克　　　醋10克　　　　味精1克

　　红油15克　　　香油2克

制作工艺

（1）烹前工作

①银丝粉入清水中涨发至透，入沸水锅中稍烫，清水冲洗、沥净水。

②青、红小米椒去蒂、洗净切成圈。

（2）菜品调制

　　精盐、白酱油、醋、味精调匀，加青、红小米椒稍腌，入粉丝拌匀，淋入红油、香油，拌匀即可。

工艺关键

　❋ 银丝粉不宜用沸水浸泡。

　❋ 烫制粉丝时间以烫透为度，不宜太软。

麻辣土豆片

味型 麻辣味 ⇨ **烹饪技法** 炸 ···

特点

　麻辣鲜香，酥脆爽口。

原料组成配方

（1）主料

　　土豆200克

（2）调助料

　　精盐3克　　　　白糖2克　　　　味精1克　　　　红油30克

　　花椒粉2克　　　香油1克　　　　色拉油1000克（耗50克）

制作工艺

（1）烹前工作

土豆去皮，洗净，切成长约5厘米，宽约4厘米，厚约0.4厘米的片，清水冲漂去淀粉，沥净水。

（2）菜品烹制

①红油、味精调匀成味汁。

②锅置中火上，加色拉油，烧至四成油温，下土豆炸至熟软酥脆时，起锅沥净油，加白糖、精盐、花椒粉翻匀，淋入味汁，加香油拌匀即可。

工艺关键
* 土豆片应用清水漂去淀粉。
* 控制好炸土豆的油温。

白油鲜笋

味型 **白油味** ▷▷▷ **烹饪技法** 拌

特点 咸鲜味香，嫩脆爽口。

原料组成配方

（1）主料

　　鲜笋200克

（2）调助料

　　白酱油10克　　　精盐2克　　　味精2克　　　香油3克

制作工艺

（1）烹前工作

鲜笋取嫩脆部位撕成细条，入沸水锅中烫至刚熟捞出，凉透。

（2）菜品烹制

白酱油、精盐、味精调匀，加嫩笋，淋入香油，和匀即可。

❋ 应选新鲜、无异味的嫩笋。

❋ 烫制时以刚烫熟为佳。

❋ 掌握好调味原料的用量。

鱼香青丸

特点 酥脆化渣，咸甜，酸辣兼备，味感丰富，风味独特。

味型 鱼香味 ⇨ **烹饪技法** 炸、拌 ···

原料组成配方

（1）主料

　鲜豌豆300克

（2）调助料

姜米5克	蒜米3克	香葱花5克	泡椒末10克
精盐2克	白酱油5克	白糖6克	醋10克
味精1克	红油50克	香油20克	色拉油1000克（耗50克）

制作工艺

（1）烹前工作

鲜豌豆洗净，用刀逐一破皮，沥净水。

（2）菜品烹制

①锅置中火上，加色拉油，烧至五成油温，下豌豆炸脆时捞出。

②精盐、白糖入盛器中，加白酱油、醋搅拌至白糖完全溶化时加泡椒末、姜米、蒜米、味精调匀，倒入豌豆、红油、香油、香葱花调匀即可。

❋ 豌豆应选颗粒饱满，形状均匀的鲜豌豆为佳。

❋ 掌握好各调料的用量和味汁的浓稠度。

❋ 宜现拌现食。

主要参考文献

1. 中华人民共和国商业部教材编审委员会.烹饪原料学[M].北京：中国商业出版社，1990.

2. 四川烹饪专科学校《川菜烹调技术》编写组.川菜烹调技术[M].成都：四川教育出版社，1994.

3. 四川省工人考核委员会办公室，四川省职业技能鉴定指导中心，四川省高中级技术工人函授培训中心.中式烹调师（川菜）[M].成都：四川科学技术出版社，1998.

4. 吴培生.香料调料大全[M].上海：上海世界图书出版公司，2005.